烟气脱硫技术简明手册

Profiles in Flue Gas Desulfurization

【美】Dr. Richard R. Lunt　John D. Cunic　编著

侯　娜　马艳秋　译
刘春平　审阅

中国石化出版社

内 容 提 要

烟气脱硫技术简明手册共分3部分。第1部分是本手册构成的基本说明，第2部分是抛弃法烟气脱硫技术简述，第3部分是回收法烟气脱硫技术简述。本手册信息量比较大，涉及的技术类型多，而且编写构成比较新颖，各类技术均配有工艺流程图来实例说明，使其一目了然，实用性较强。本手册适用于从事烟气脱硫技术开发人员和相关企业的生产管理人员使用。

著作权合同登记　图字：01-2014-8335 号

Profiles in Flue Gas Desulfurization
By Dr. Richard R. Lunt and John D. Cunic, ISBN 9780816908202
Copyright @ 2000 by the American Institute of Chemical Engineers and its Center for Waste Reduction Technologies
All rights reserved. This translation published under licensc. No part of this publication may be reproduced, stored in a retrieval system, or transmitted in any form or by any means, electronic, mechanical, photocopying, recording, or otherwise, without the prior permission of the American Institute of Chemical Engineers.
中文版权为中国石化出版社所有。版权所有，不得翻印。

图书在版编目(CIP)数据

烟气脱硫技术简明手册／(美)伦特，(美)库尼克编著；侯娜，马艳秋译. —北京：中国石化出版社，2016.3
书名原文：Profiles in Flue Gas Desulfurization
ISBN 978-7-5114-3815-7

Ⅰ.①烟… Ⅱ.①伦…②库…③侯…④马…
Ⅲ.①烟气脱硫-手册 Ⅳ.①X701-62

中国版本图书馆 CIP 数据核字(2016)第 018631 号

未经本社书面授权，本书任何部分不得被复制、抄袭，或者以任何形式或任何方式传播。版权所有，侵权必究。

中国石化出版社出版发行
地址：北京市东城区安定门外大街58号
邮编：100011　电话：(010)84271850
读者服务部电话：(010)84289974
http://www.sinopec-press.com
E-mail:press@sinopec.com
北京柏力行彩印有限公司印刷
全国各地新华书店经销

*

787×1092 毫米 16 开本 13 印张 318 千字
2016年4月第1版　2016年4月第1次印刷
定价:40.00元

译者的话

随着人类环保意识的不断增强，大气污染治理和二氧化碳等温室气体减排已成为目前全人类共同关注的话题，世界各国环保法规将越来越严格。各类生产企业正面临着前所未有的环保压力和考验。

烟气脱硫技术应用是解决大气污染问题的有效途径之一。

本书作者 Richard R. Lunt 博士在环境保护工艺研究、开发、设计和实施方面有着 30 多年的经验，主持过十多项烟气脱硫系统的设计及配套工艺的研究与开发。是美国三个州的注册专业工程师，也是美国化学工程师学会(AIChE)和科学研究协会(Sigma Xi)成员。

本书另一位作者 John D."Jack"Cunic 高级工程师曾带领过一个空气环境应用团队，主要负责指导设备的深入筛选研究工作，以及对必需的空气污染控制设备进行确定。曾指导研究并确定了埃克森公司 FCCU 的湿式气体洗涤系统是一种可行的选择方案，并为 1974 年首个工业化装置的启动提供了技术支持。是美国化学工程师学会(AIChE)、气体与废固物管理学会(AWMA)和美国石油学会(API)成员，并撰写了许多有关洗涤、除尘器、烟气脱硫系统方面的论文。

本书提及的烟气脱硫技术虽然是对 20 世纪在用和在研技术的汇总，但从中可以看到，欧美等发达国家的研究人员在烟气脱硫技术开发方面所做的工作还是非常细致和到位的。由于国内同类技术开发及应用起步都较晚，因此该手册对国内生产企业的烟气脱硫技术选用和科研单位的技术开发都仍然具有一定的指导和借鉴作用。

在本书的编译过程中，中国石化能源管理与环境保护部刘春平副主任对全书进行了审阅，也得到了中国石化抚顺石油化工研究院刘忠生副总工程师的大力支持和该院环保所几位同事的帮助，在此表示衷心地感谢。

在本书编译中难免会有不当之处，敬请读者批评指正。

目 录

第1部分 工业烟气脱硫技术概述 ……………………………………………… (1)
  目的 ……………………………………………………………………………… (3)
  范围和内容 ……………………………………………………………………… (3)
  简介 ……………………………………………………………………………… (4)
  约定和说明 ……………………………………………………………………… (4)

第2部分 FGD技术简介——抛弃法工艺技术 ………………………………… (9)
  传统石灰浆法 …………………………………………………………………… (11)
  石灰浆-镁助剂法 ………………………………………………………………… (14)
  石灰石浆液自然氧化法 ………………………………………………………… (17)
  石灰石浆液抑制氧化法 ………………………………………………………… (20)
  石灰石浆液-镁助剂法 …………………………………………………………… (23)
  碱性灰洗涤法 …………………………………………………………………… (26)
  钠/石灰双碱法(浓缩型) ………………………………………………………… (29)
  石灰基喷雾干燥吸收法(SDA) ………………………………………………… (32)
  钠基喷雾干燥吸收法(SOA) …………………………………………………… (35)
  石灰基循环流化床/携带床法 …………………………………………………… (38)
  钠基管道注入法 ………………………………………………………………… (41)
  炉内吸收剂注入法 ……………………………………………………………… (44)
  钠溶液一次通过法 ……………………………………………………………… (47)
  氢氧化镁溶液一次通过法 ……………………………………………………… (50)
  海水洗涤法 ……………………………………………………………………… (53)
  钠/石灰石双碱法(浓缩型) ……………………………………………………… (56)
  带NO_x控制的循环流化床/携带床法 ………………………………………… (59)
  石灰基管道注入法 ……………………………………………………………… (62)
  石灰基省煤器注入法——SO_x-NO_x-Rox-Box(SNRB) ……………………… (65)
  冷凝换热器工艺 ………………………………………………………………… (68)

第3部分 FGD技术简介——回收法工艺技术 ………………………………… (71)
  石灰浆强制氧化法 ……………………………………………………………… (73)
  石灰石浆液强制氧化法 ………………………………………………………… (76)
  稀硫酸生产石膏法 ……………………………………………………………… (79)
  钠/石灰双碱法(稀释型) ………………………………………………………… (82)
  带有H_2SO_4转化的钠/石灰石双碱法 ………………………………………… (85)
  Dowa工艺——硫酸铝/石灰石双碱法 ………………………………………… (88)
  Kurabo工艺——氨/石灰双碱法 ……………………………………………… (91)

Thioclear® 工艺——镁溶液/石灰双碱法 …………………………………（94）
Kawasaki 工艺——镁浆液/石灰双碱法 ………………………………（97）
氨洗涤——一次通过法 …………………………………………………（100）
带有氧化的氨洗涤法 ……………………………………………………（103）
带有 NO_x 控制的 Walther 工艺——带有 SCR 的氨洗涤法 …………（106）
电子束照射法 ……………………………………………………………（109）
带有酸再生的氨洗涤法——Cominco 工艺 ……………………………（112）
氧化镁回收工艺 …………………………………………………………（115）
直接硫酸转化法 …………………………………………………………（118）
带有 NO_x 控制的直接硫酸转化法 ………………………………………（121）
带热汽提的冷水洗涤法 …………………………………………………（124）
Wellman Lord 工艺 ………………………………………………………（127）
Solinox 工艺 ………………………………………………………………（130）
带有热再生的胺溶液吸收法 ……………………………………………（133）
带有热再生的活性炭吸附法 ……………………………………………（136）
石灰石清液洗涤法 ………………………………………………………（139）
Kureha 工艺——醋酸钠/石灰石（或石灰）双碱法 ……………………（142）
带有氨再生的碳酸钠（碳酸氢钠）吸收法 ………………………………（145）
Pircon-Peck 工艺 …………………………………………………………（148）
Passamaquoddy 回收工艺 ………………………………………………（151）
ISPRA 工艺 ………………………………………………………………（154）
电化学膜分离法 …………………………………………………………（157）
带有过氧化氢氧化的硫酸吸收法 ………………………………………（159）
带有酸再生的碳吸附法 …………………………………………………（162）
带 NO_x 控制的氧化锌工艺（直接浆液吸收法）…………………………（165）
ELSORB 工艺 ……………………………………………………………（168）
带有热再生的氨洗涤法 …………………………………………………（171）
Tung 工艺 …………………………………………………………………（174）
Ionics 工艺 ………………………………………………………………（177）
SOXAL 工艺 ………………………………………………………………（180）
氧化锌工艺（亚硫酸盐溶液吸收法）……………………………………（183）
Sorbtech 工艺 ……………………………………………………………（186）
柠檬酸盐工艺 ……………………………………………………………（188）
Sulf-X 工艺 ………………………………………………………………（191）
直接气相还原法 …………………………………………………………（194）
氧化铜回收工艺 …………………………………………………………（197）
NOXSO 工艺 ……………………………………………………………（200）

第 1 部分

工业烟气脱硫技术概述

目的

本手册对应用至1999年初以前的各种烟气脱硫（FGD）技术进行了汇总，并对各技术的工艺过程分别进行了简要介绍。汇编中描述了具体技术的特点，包括：基本设备组成、使用性能、操作要求、应用范围以及潜在的局限性。

范围和内容

已包括在内的技术

本手册中所包括的技术都是"末端"SO_2控制工艺技术，这些技术要么已工业化，要么是处于研发的改进阶段。因此，所涉及的技术可以满足如下两个原则之一：

(1) 已工业化技术——装置规模在约$7075m^3/min$（$250000Nft^3/min$）（相当于100MW）或更高并已工业应用的技术。技术应用的数量、规模、年限以及成功性等情况被酌情考虑在内。

(2) 研发阶段技术——该技术已成功通过了一套完整的中试装置规模试验，通常为$141.5\sim283m^3/min$（$5000\sim10000Nft^3/min$）（相当于$2\sim4$ MW），更好的是已通过了示范装置试验，典型代表为$1415\sim2830m^3/min$（$50000\sim100000Nft^3/min$）（相当于$20\sim40$ MW）。

工艺技术汇总见表1和表2。这些工艺被分成两类——抛弃法（Waste Producing Processes）和回收法（Byproduct Processes）。抛弃法是指被吸收的SO_2作为可溶性盐的中性溶液被排放掉，或者作为脱水固体沉淀物（通常为亚硫酸钙或硫酸钙）被处理掉，无论哪种处理方法都是既无重要的经济价值也无再利用潜力。回收法是指被吸收的SO_2（通过直接转化或者进一步处理）被转变成具有可再利用潜力或市场价值的形式。副产品形式包括商品级石膏、肥料、硫酸、单质硫和能转化成酸或硫的富SO_2气体。在每个这样的大分类中，工艺排序首先是已工业化的工艺，然后是处在研发阶段的工艺。简介也按同样的顺序。

不包括在内的技术

本手册中不包括如下三类工艺技术：

(1) 概念阶段的技术——该技术处于研发的早期阶段，还没有通过具有明确成功意义的中试规模试验。

(2) 放弃研发的技术——技术研发已被停止或放弃超过15年和/或已被证明有明显的性能缺陷或经济性不佳。

(3) 非传统的FGD技术——该技术没有涉及到传统的气相SO_2控制。这类例子包括：流化床锅炉、H_2S控制（先进电力系统的热气脱硫）以及化学和气体加工工艺中必需的SO_2控制如专门用于精制的某些胺或溶剂技术。

表3中汇总的工艺技术不包括那些仅局限于早期开发或者放弃研发已超过了15年的技术。

简介

描述

格式：每种技术简介有两页，一页为工艺技术特点和应用概述，另一页为工艺流程示意图，描述主要设备组件及分布。遇到一种技术有不止一种流程（指有多个供应商）时，会将其整合在一起。如果页面允许，也会对一些重要变化做些注释。

分类：有些技术同时属于抛弃法和回收法两种，需要根据特定的应用和操作方式来确定。在这种情况下，这些技术在表1和表2中会都有列出，但只提供一个简介。熟知的技术包括：石灰石浆液强制氧化、石灰石清液洗涤以及钠－石灰双碱法（稀释型）。也有一些技术，其中包含有几个已工业化的工艺，但其他工艺仍处于研发阶段。对此，只要有一种工艺被工业应用并且仍在使用中，整个技术就被划为工业化类。

NO_x **集成控制**：在只能控制 SO_2 和能够"集成"控制 SO_2 和 NO_x 两种技术之间进行了细分。在这里，"集成"是指 NO_x 的控制包含在整个工艺系统之内并会影响到下列一个或多个方面：系统配置、设备要求、操作方式、工艺化学或性能特征。一个明显的例子是 SO_2 和 NO_x 两者的控制是在一个容器内完成的。如果只是在烟气脱硫的前端简单"组合"一个去除 NO_x 的选择性催化还原（SCR）单元，那该技术不属于集成技术。

约定和说明

工艺特点

其他气体排放：对那些有潜在意义的气体化合物（非颗粒物）点源排放进行了注明。这包括两种：单独工艺装置排放的气体以及烟气脱硫操作后排放到主烟道的气体。只注明了与烟气脱硫工艺界区本身相关的排放。对于那些用来将富 SO_2 气体转化为硫酸或单质硫的"下游物流"转化工艺的排放没有进行特别说明。

入口 SO_2 浓度：对于工业化技术来说，根据工业操作所能达到的程度，入口 SO_2 浓度范围应是已知的。工艺试验经常是超出工业操作范围。书中列出了那些已经显示出具有更大处理能力的试验。

NO_x **去除能力**：作为工艺的一个集成部分，NO_x 的控制能力被标示出来（"集成"的定义如上所述）。对那些正在使用的并处于改进阶段的集成控制研发技术，本书也都有标明。

颗粒物去除能力：关于颗粒物的控制有两种表示方法。第一种，作为工艺的一个集成部分显示出对颗粒物的控制能力。此种情况下，"集成"是指控制是结合在工艺本身之中，而不是作为一个单独的气体处理系统组合在流程的一端或另一端。一个明显的"集成"例子是在抛弃法中使用一种高效湿式洗涤器来同时控制颗粒物和 SO_2 排放。第二种，是出于单独控制的需要，在进入 SO_2 吸收器之前对颗粒物进行高效控制。

工业应用

如果至少有一套工业装置仍在运转，那么就认为该工业技术是"在用"。如果研发正在

工艺描述

工艺描述意在更通用。如果一种技术中包括几种工艺,那么书中将会介绍最常见的那种工艺类型。如果页面许可,有重要变化的地方通常会提到。

优点/缺点

优点、缺点以及局限性是作者的理解和认知,通常也是要作为一个典型应用技术整体说明的一部分。对那些有很多种工艺的技术来说,有些工艺不可能列出所有这些方面。每个特定应用必须根据技术或个别工艺的"适合度"来评价。

主要供应商/研发者

需要提醒读者的是:工艺供应商或研发人员名单反映的是截至 1999 年初时的情况。由于该行业的流动性,名单不可能很详尽而且还要有变化。漏掉一个供应商不代表有意暗示该供应商不能提供技术;同样也不包括可以保证某供应商仍能够或将要提供某指定的工艺。只有当工艺名称是众所周知的或在确认工艺中是有意义的情形下,才被提供在这些名单中。

表 1A 烟气脱硫技术汇总表——抛弃法工艺技术

技术描述	主要工艺名称	页码[①]	状态	只有 FGD	FGD 和 DeNO$_x$ 集成
工业化技术					
废固物抛弃法工艺技术					
传统石灰浆法	Generic	10~11	在用	●	○
石灰浆-镁助剂法	Generic	12~13	在用	●	○
石灰浆强制氧化法	Generic	52~53	在用	●	
石灰石浆液自然氧化法	Generic	14~15	在用	●	○
石灰石浆液抑制氧化法	Generic	16~17	在用	●	○
石灰石浆液强制氧化法	Many/Generic	54~55	在用	●	
石灰石浆液-镁助剂法	Generic	18~19	在用	●	○
碱性灰洗涤法	Generic	20~21	在用	●	
钠/石灰双碱法(浓缩型)	Generic	22~23	在用	●	
钠/石灰双碱法(稀释型)	Generic	58~59	在用	●	
石灰基喷雾干燥吸收法	Many/Generic	24~25	在用	●	
钠基喷雾干燥吸收法	Generic	26~27	在用	●	
石灰基循环流化床法	CDS;GSA;et. al.	28~29	在用	●	
钠基管道注入法	Generic	30~31	在用	●	
炉内吸收剂注入法	ARA;DISCUS;LIFAC;LIMB R-SOX;SONOX;TAV;el. at.	32~33	在用	●	○
废液抛弃法工艺技术					
钠溶液一次通过法	Generic	34~35	在用	●	○

续表

技术描述	主要工艺名称	页码①	状态	只有FGD	FGD和DeNOx集成
氢氧化镁溶液一次通过法	Generic	36~37	在用	●	
海水洗涤法	Generic	38~39	在用	●	

① 这里指原文页码——译者注。●指同类技术中所有工艺的主要关注点。○指某些工艺已具有集成脱NO_x能力或者某些工艺添加剂处于研发的改进阶段。在用或在研—该类工业系统仍在运转或者研发仍在继续。闲置或暂停—没有听说该类工业系统还在运转或者研发已被停止。

表 1B 烟气脱硫技术汇总表——抛弃法工艺技术

技术描述	主要工艺名称	页码①	状态	只有FGD	FGD和DeNOx集成
研发技术					
废固物抛弃法工艺					
石灰石清液洗涤法	Generic	96~97	在研	●	○
钠/石灰石双碱法(浓缩型)	Generic	40~41	暂停	●	
带NO_x控制的循环流化床/携带床法	CDS	42~43	在研		●
石灰基管道注入法	ADVACATE；Coolside；CZD；E-SOX；HALT；HYPAS；LILAC	44~45	在研	●	
石灰基省煤器注入法	SOx-NOx-Rox-Box；EI	46~47	在研	●	○
废液抛弃法工艺					
冷凝换热器工艺技术	IFGT	48~49	在研	●	

① 这里指原文页码——译者注。●指同类技术中所有工艺的主要关注点。○指某些工艺已具有集成脱NO_x能力或者某些工艺添加剂处于研发的改进阶段。在用或在研—该类工业系统仍在运转或者研发仍在继续。闲置或暂停—没有听说该类工业系统还在运转或者研发已被停止。

表 2A 烟气脱硫技术汇总表——回收法工艺

技术描述	主要工艺名称	页码①	状态	只有FGD	FGD和DeNOx集成
工业化技术					
石膏类回收工艺技术					
石灰浆强制氧化法	Generic	52~53	在用	●	
石灰石泥浆强制氧化法	Many/Generic	54~55	在用	●	
稀硫酸制石膏法	Chiyoda 101	56~57	在用	●	
钠/石灰石双碱法(稀释型)	Generic	58~59	在用	●	
钠/石灰石双碱+硫酸转化法	Generic	60~61	在用	●	
硫酸铝/石灰石双碱法	Dowa	62~63	在用	●	
氨/石灰双碱法	Kurabo	64~65	在用	●	
镁溶液/石灰双碱法	Thioclear	66~67	在用	●	
镁泥浆/石灰双碱法	Kawasaki	68~69	在用	●	

续表

技术描述	主要工艺名称	页码[①]	状态	只有FGD	FGD和DeNO$_x$集成
肥料类回收工艺技术					
氨洗一次通过法	ATS	70~71	在用	●	
氨洗+氧化法	Generic	72~73	在用	●	
氨洗+SCR法	Walther	74~75	在用		●
电子束照射法	E-Beam；PulseEnergization	76~77	在用		●
硫酸类回收工艺技术					
氨洗+酸再生法	Cominco	78~79	在用	●	
镁泥浆+热再生法	Magnesium Oxide Recovery	80~81	在用	●	
直接硫酸转化法	Cat~Ox；WSA	82~83	在用	●	
直接硫酸转化+NO$_x$控制法	DESONOX；SNOX	84~85	在用		●
富SO$_2$气体回收工艺技术					
冷水洗涤+热汽提法	Boliden Process	86~87	在用	●	
亚硫酸钠+热再生法	Wellman Lord	88~89	在用	●	
Organic Solvent with Thermal Regeneration 有机溶剂+热再生法	Solinox	90~91	在用	●	
Amine Solution with Thermal Regeneration 胺溶液+热再生法	DMA；Sulphidine	92~93	闲置	●	
Activated Carbon with Thermal Regeneration 活性炭+热再生法	GE-Mitsui-BF；EPDC/SHI	94~95	在用		●

① 这里指原文页码——译者注。
● 指同类技术中所有工艺的主要关注点。
○ 指某些工艺已具有集成脱NO$_x$能力或者某些工艺添加剂处于研发的改进阶段。
在用或在研—该类工业系统仍在运转或者研发仍在继续。
闲置或暂停—没有听说该类工业系统还在运转或者研发已被停止。

表2B 烟气脱硫技术汇总表——回收法工艺

技术描述	主要工艺名称	页码[①]	状态	只有FGD	FGD和DeNO$_x$集成
研发技术					
石膏类回收工艺					
石灰石清液洗涤法	Generic	96~97	在研	●	
乙酸钠/石灰石双碱法	Kureha	98~99	暂停	●	
肥料类回收工艺					
带有氨再生的碳酸钠(碳酸氢钠)吸附法	Airborne Technologies	100~101	在研		●
铵和焦磷酸钙洗涤法	Pircon Peck	102~103	暂停	●	
水泥窑废灰洗涤法	Passamaquoddy Recovery Process	104~105	暂停	●	
硫酸类回收工艺					
带电解再生的溴溶液法	ISPRA	106~107	不详	●	

续表

技术描述	主要工艺名称	页码[①]	状态	只有FGD	FGD和DeNO$_x$集成
电化学膜分离法	Generic	108~109	在研	●	
硫酸吸附法-过氧化氢氧化	Peroxide	110~111	不详	●	
带有酸再生的碳吸附法	Generic	112~113	暂停	●	
带有热再生的氧化锌泥浆法	ZnO(Batelle)	114~115	在研		●
富SO$_2$气体回收工艺					
带有热再生的磷酸钠法	ELSORB	116~117	暂停	●	
带有热再生的胺溶液法	CANSOLV; Dow; NOSOX	92~93	暂停	●	○
带有热再生的氨洗法	Stackpol 150; Exorption; ABS	118~119	暂停	●	
带有溶剂萃取的亚硫酸钠法	Tung	120~121	暂停	●	
带有电解再生的氢氧化钠法	Ionics	122~123	暂停	●	
带有电渗析再生的亚硫酸钠法	SOXAL	124~125	暂停		●
带氧化锌和热再生的亚硫酸钠法	ZnO(Univ. of Illinois)	126~127	暂停	●	
氧化镁/蛭石吸附法	Sorbtech	128~129	在研		●
硫回收工艺					
带液体克劳斯再生的柠檬酸钠法	Citrate	130~131	暂停	●	
带热再生的磷酸钠法	Sulf-X	132~133	暂停	●	○
直接气相还原法	Parsons	134~135	暂停		●
带还原再生的氧化铜吸附法	COBRA; CuO	136~137	在研		●
碱性氧化铝吸附法	NOXSO	138~139	暂停		●

① 这里指原文页码——译者注。●指同类技术中所有工艺的主要关注点。○指某些工艺已具有集成脱NO$_x$能力或者某些工艺添加剂处于研发的改进阶段。在用或在研—该类工业系统仍在运转或者研发仍在继续。闲置或暂停—没有听说该类工业系统还在运转或者研发已被停止。

表3 烟气脱硫技术汇总表—简介中没有包括的工艺技术

技术描述	主要工艺名称	状态	非相关评述
废固物抛弃法工艺			
干石灰石移动床法	LEC	研发中	早期研发阶段
带磷添加剂的石灰石洗涤法	Phos/NO$_x$	研发中	早期研发阶段
回收法工艺			
带吸收剂再生的干苏达粉注入法	ENELCO	研发中	早期概念研发—没有经过试验
带炭再生的碳酸钠法	Molten Carbonate	研发中	验证失败；20世纪80年代早期研发工作终止
带含水克劳斯的磷酸钠法	Stauffer	研发中	20世纪80年代早期研发工作终止
生物还原法	BIO-FGD	研发中	初步概念研发
气相热氧化法	Plasma-Jet Treatment	研发中	早期研发阶段
带钡再生的硫化钠洗涤法	SULFRED	研发中	20世纪80年代中期研发工作终止
碳吸附+用炭还原成硫的组合法	FW-BF/RESOX; Westvaco	研发中	20世纪80年代中期研发工作终止

第 2 部分

FGD 技术简介
抛弃法工艺技术

传统石灰浆法

工业技术

采用石灰浆吸收 SO_2，然后进行固体物分离、脱水，通常有混入飞灰和石灰的废固物需要处置。

工艺特点

SO_2 吸收剂：石灰与亚硫酸钙/硫酸钙的混合物。
主要原料：石灰；在某些应用中还要用到的添加剂（如，硫代硫酸盐、乳化硫、甲酸盐）。
潜在的可销售副产品：无。
固体废物：混合的亚硫酸钙和硫酸钙废固物，有时还混有飞灰（和石灰）。
液体废物：无。
其他气体排放：无。
入口 SO_2 浓度：<100~6500 μg/g（工业运转）
SO_2 去除能力：典型设计范围为 90%~95%；最大值约 98%（入口 SO_2 浓度最高时）
NO_x 去除能力：可用于集成控制的添加剂（如，可溶性铁螯合物）正处于研发之中，但目前仍无详细报道。
颗粒物去除能力：有集成去除能力，但在要同时进行颗粒物限制的某些应用中，还需要干灰与 FGD 废物混合。

工业应用

数量/类型：很多。包括公用与工业锅炉，化学工艺装置，冶炼熔炉和炉子；通常的生产装置。
地点：世界各地。
首次试用：20 世纪 70 年代（当代技术）。
目前状态：在用。

工艺描述

在一个典型的系统内，气体接触器由多级喷淋（喷雾）塔或溢流型设备（如，文丘里洗涤器）或两者与一个内回流罐在底部结合所组成。石灰料送入回流罐，罐中的浆液在高 L/G 比下通过接触器进行再循环。浆液不断从洗涤器排出并用传统方法浓缩和过滤脱水。在燃煤锅炉的许多系统中，脱水固体物与飞灰和石灰混合以改善处理和促进固化处理。一种选择方法是将浓缩固体物直接泵送到现场处理池，在此固体物沉淀下来，而澄清液则返回系统。不过这种做法目前主要只在像冶炼厂这样的偏远地点使用。在某些应用中添加剂如硫代硫酸盐或乳化硫被加到吸收剂溶液来减少氧化，以防止产生硫酸钙结垢问题。如图2-1所示。

优点/缺点

优点
- 技术成熟度高，供应商多。

缺点/局限性
- 产生无再利用价值的废固物。
- 废固物通常需要与干灰掺混后进行填埋处理。

主要供应商

ABB	B&W	Nippon Kokan	Saarberg-Holter	UOP
AirPol/FLS	Deutsche Babcock	Procedair	Thyssen	Wheelabrator
American Air Filter	Marsulex	Research Cottrell		
Anderson 2000	Mitsubishi	Riley		

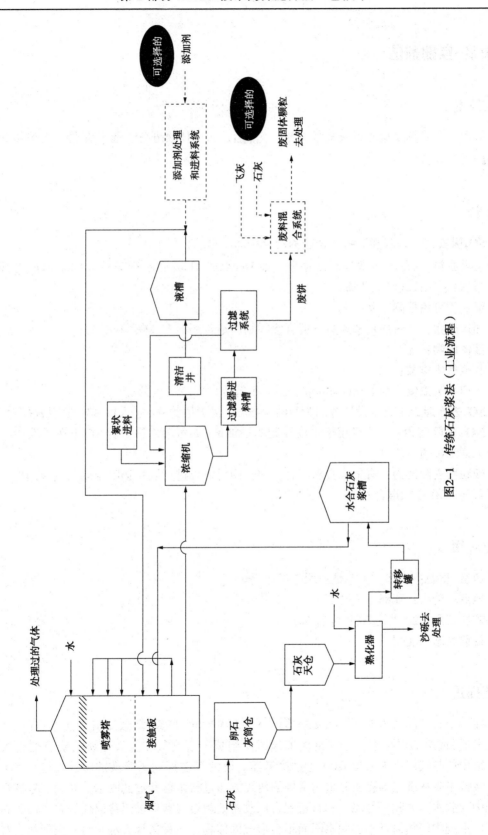

图2-1 传统石灰浆法（工业流程）

石灰浆-镁助剂法

工业技术

采用含有溶解镁盐的石灰浆吸收 SO_2，然后进行固体物分离，通常有混入飞灰和石灰的废固物需要处置。

工艺特点

SO_2 吸收剂：石灰和溶解的镁盐的混合物。
主要原料：石灰（通常是高镁含量，如 Dravo 的 Thiosorbic 石灰）；（如果用钙质石灰的话要添加）氧化镁或氢氧化镁。
潜在的可销售副产品：无。
固体废物：亚硫酸钙和硫酸钙混合废固物，通常还混有飞灰（和石灰）。
液体废物：无。
其他气体排放：无。
入口 SO_2 浓度：约 $1000\sim4000\mu g/g$（工业运转）。
SO_2 去除能力：典型设计范围为 $90\%\sim95\%$；最大值约 99%（入口 SO_2 浓度最高时）
NO_x 去除能力：尽管可用于集成控制的添加剂（如可溶性铁螯合物）正在研发中，但目前仍无详细报道。
颗粒物去除能力：有集成去除能力，但在同时需要进行颗粒物限制的某些应用中，还需要干灰与 FGD 废物混合。

工业应用

数量/类型：很多。主要是公用与工业锅炉。
地点：美国；亚洲。
首次试用：20 世纪 70 年代后期。
目前状态：在用。

工艺描述

在一个典型的系统内，气体接触器由一个多级喷淋（喷雾）塔或溢流型洗涤器（如，文丘里洗涤器）或两者再加上一个底部内回流罐所组成。含石灰和氢氧化镁的浆液被送入回流罐，罐中的浆液以高 L/G 比循环通过接触器。镁的存在提高了溶液的碱性促进了 SO_2 的去除。浆液不断从洗涤器排出并采用常规的传统方法进行浓缩和过滤脱水。在大多数燃煤锅炉系统中，脱水固体物要与飞灰和石灰混合以改善处理过程和促进固化以便处置，因为在没有加镁的系统中固物通常不能脱水因而不会形成固体物。一种选择方法是将浓缩固物直接泵送到现场处理池，固物在此沉淀下来，澄清液返回系统(尽管这种做法通常被淘汰)。有三种方法提供吸收工艺用氢氧化镁。最早开发并使该技术工业化的 Dravo 公司销售一种高镁钙质石灰(4%~7%MgO)；Bechtel 公司基于高镁石灰(3%~6%MgO)与钙质石灰联合使用开发了另一种技术(尽管这需要使用两种不同的熟化系统)；最后一种方法是，氢氧化镁要么购买要么通过 MgO 现场熟化使用。如图 2-2 所示。

优点/缺点

优点
- 添加镁碱提高了溶液碱度，促进了 SO_2 去除并降低了硫酸盐形成的潜力。

缺点/局限性
- 产生没什么再利用价值的废固物。
- 废固物通常需要与干灰掺混后进行填埋处理。

主要供应商

| B&W | Bechtel | Dravo | Marsulex |

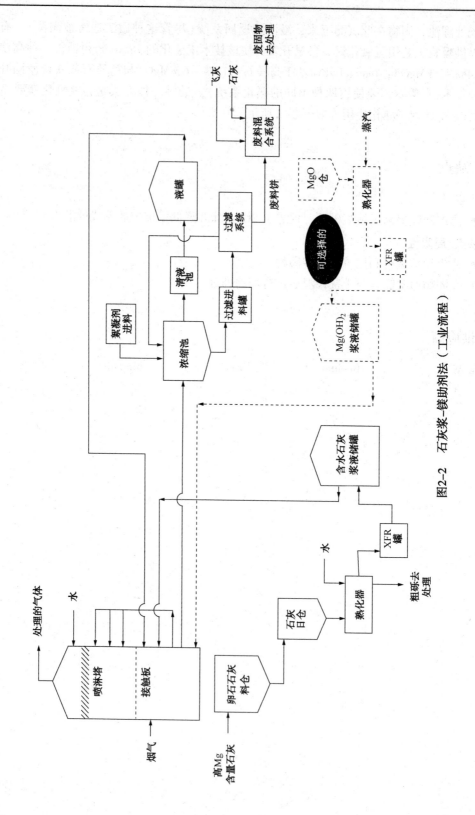

图2-2 石灰浆-镁助剂法（工业流程）

石灰石浆液自然氧化法

工业技术

采用混有亚硫酸钙/硫酸钙固体混合物的石灰石浆液吸收 SO_2，浆液连续排出，或者在现场处理池脱水，或者用传统方法浓缩和过滤脱水，然后填埋。

工艺特点

SO_2 吸收剂：石灰石、亚硫酸钙/硫酸钙固体的混合物。
主要原料：石灰石。
潜在的可销售副产品：无。
固体废物：混合的亚硫酸钙/硫酸钙废固物。
液体废物：无。
其他气体排放：无。
入口 SO_2 浓度：<1500μg/g（工业运转）。
SO_2 去除能力：典型设计范围为 75%~90%；最大值约 80%~85%（入口 SO_2 浓度最高时）。
NO_x 去除能力：可用于集成控制的添加剂（如可溶性铁螯合物）正在研发之中，但目前仍无详细报道。
颗粒物去除能力：有集成控制能力。

工业应用

数量/类型：很多。主要是公用与工业锅炉。
地点：北美；欧洲。
首次试用：20 世纪 60 年代（当代技术）。
目前状态：在用。

工艺描述

在一个典型的系统内，气体接触器由一个多级喷淋（喷雾）塔或一个在底部组合了内回流罐的溢流型洗涤器/喷淋（喷雾）塔所组成。石灰石被送入回流罐，罐中的浆液以高 L/G 比循环通过喷淋（喷雾）器。浆液从洗涤器持续排出并脱水，回收的液体返回洗涤器并用于制备石灰石浆。最早的系统（20 世纪 70 年代）利用现场处理池蓄积废固物，澄清液返回洗涤器系统，用于制备石灰石浆。后来的系统（20 世纪 70 年代后期~80 年代初期）利用传统脱水设备，通常有浓缩/澄清器和真空过滤器。当该系统用于 SO_2 浓度大于 1000μg/g 的实际应用中时，会或者受过度结垢困扰，或者是 SO_2 去除能力低，或者两者都有，因此被后面讨论的抑制氧化或强制氧化技术升级/取代。如图 2-3 所示。

优点/缺点

优点
- 使用低成本的石灰石

缺点/局限性
- 通常限制入口 SO_2 浓度约 $<1000\mu g/g$
- 入口 SO_2 浓度最高时的去除率在大约 85%
- 产生没什么再利用价值的废固物

主要供应商

ABB	Deutsche Babcock	Research Cottrell
B&W	Marsulex	Riley

第 2 部分 FGD 技术简介抛弃法工艺技术

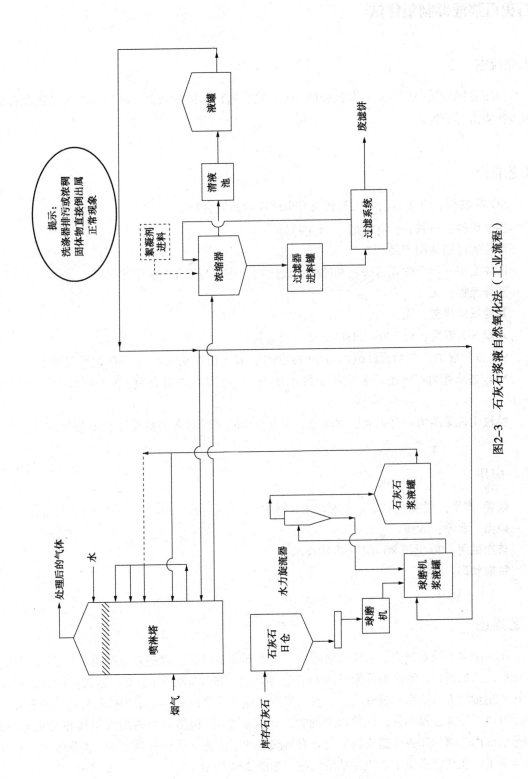

图2-3 石灰石浆液自然氧化法（工业流程）

石灰石浆液抑制氧化法

工业技术

采用有机酸缓冲的石灰石浆液吸收 SO_2，然后进行固体物分离，通常有混入飞灰和石灰的废固物需要处置。

工艺特点

SO_2 吸收剂：石灰石、亚硫酸钙及有机缓冲剂的混合物。
主要原料：石灰石；有机酸(二元酸)。
潜在的可销售副产品：无。
固体废物：混合的亚硫酸钙和硫酸钙废固物，通常与飞灰(和石灰)混合。
液体废物：无。
其他气体排放：无。
入口 SO_2 浓度：约 $500\sim3500\mu g/g$（工业运转）。
SO_2 去除能力：典型设计范围为 $90\%\sim95\%$；最大值约 98%（入口 SO_2 浓度最高时）。
NO_x 去除能力：可用于集成控制的添加剂(如可溶性铁螯合物)正在研发中，但情况不详。
颗粒物去除能力：有集成控制能力，但有粉尘限制时通常需要灰与 FGD 废物混合。

工业应用

数量/类型：很多。主要是公用与工业锅炉。
地点：北美；欧洲。
首次试用：20 世纪 80 年代(当代技术)。
目前状态：在用。

工艺描述

在一个典型的系统内，气体接触器由一个底部带有内回流罐的多级喷淋(喷雾)塔组成。石灰石送入回流罐，罐中的浆液以高 L/G 比循环通过喷淋(喷雾)装置。浆液持续排出洗涤器并采用传统方法浓缩和过滤脱水。在大多数燃煤锅炉系统中，脱水固体物要与飞灰和石灰混合以改善处理过程和促进固化以便处置。加入添加剂(包括有机磷酸或甲酸和乳化硫)以补充系统内废物和降解所造成的损失。有机酸缓冲了溶液，从而提高了 SO_2 去除能力，并且硫减少了氧化从而避免了硫酸钙结垢问题。如图 2-4 所示。

优点/缺点

优点
- 采用低成本石灰石制剂。
- 采用缓冲剂和乳化硫控制系统化学,使结垢问题最小化并提高 SO_2 去除效率。

缺点/局限性
- 虽然设计推荐更高浓度,但是通常入口 SO_2 浓度限制值为约 $4000\mu g/g$。
- 去除率限制在入口 SO_2 浓度最高约 97%。
- 产生没什么再利用价值的废固物。
- 废固物通常需要与干灰掺混后进行填埋处理。

主要供应商

ABB	Lentjes	Research Cottrell	Wheelabrator
B&W	Marsulex	Riley	
Deutsche Babcock	Nippon Kokan	UOP	

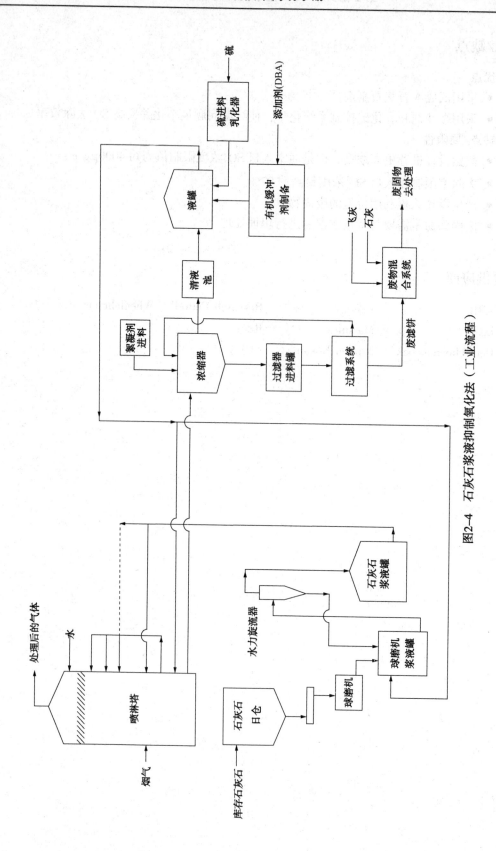

图2-4 石灰石浆液抑制氧化法（工业流程）

石灰石浆液-镁助剂法

工业技术

用溶解镁盐的石灰石浆液吸收 SO_2，然后进行固体物分离，通常有混入飞灰和石灰的废固物需要处置。

工艺特点

SO_2 吸收剂：石灰石与溶解镁盐的混合物。

主要原料：石灰石；含镁石灰石。

潜在的可销售副产品：无。

固体废物：混合的亚硫酸钙和硫酸钙废固物，通常与飞灰（和石灰）混合。

液体废物：无。

其他气体排放：无。

入口 SO_2 浓度：<1000~2500 μg/g（工业运转）。

SO_2 去除能力：典型设计范围为 85%~95%；最大值约 90%（入口 SO_2 浓度最高时）。

NO_x 去除能力：尽管可用于集成控制的添加剂（如可溶性铁螯合物）正处于研发之中，但目前仍无详细报道。

颗粒物去除能力：有集成控制能力，但在某些应用中要同时进行粉尘限制时需要灰与 FGD 废物混合。

工业应用

数量/类型：几套。主要是公用与工业锅炉。

地点：美国。

首次试用：20 世纪 70 年代后期。

目前状态：闲置。

工艺描述

在一个典型的系统内，气体接触器由一个多级喷淋（喷雾）塔或溢流型设备（如，文丘里洗涤器）或两者与一个内回流罐在底部结合所组成。石灰石和氢氧化镁浆液送入回流罐，罐中的浆液以高 L/G 比循环通过接触器。镁的存在增加了溶液的碱度，提高了 SO_2 去除率。浆液不断从洗涤器排出并用传统方法进行浓缩和过滤脱水。在许多燃煤锅炉系统中，脱水固体物通常与飞灰和石灰混合以改善处理和促进固化处理，因为与不加镁的系统一样，固体物通常不能脱水。一种选择是浓缩固体物直接泵送到现场处理池，在此固体物沉淀下来并且澄清液返回系统(尽管这种做法通常被淘汰)。有两种方法来提供吸收用氢氧化镁。第一种，使用现场熟化的高镁石灰；第二种，添加的 $Mg(OH)_2$ 浆液，它可以是购买的浆液或是来自 MgO 现场熟化的，可以分别添加。如图 2-5 所示。

优点/缺点

优点
- 采用镁碱添加剂增加了洗涤碱度，从而提高 SO_2 去除率并减少硫酸盐形成潜力。

缺点/局限性
- 产生没什么再利用价值的废固物。
- 废固物通常需要与灰掺混后进行填埋处理。

主要供应商

Bechtel　　　　　　　　　　　　　　　　　　　　　　　　　M. W. Kellogg/Weir

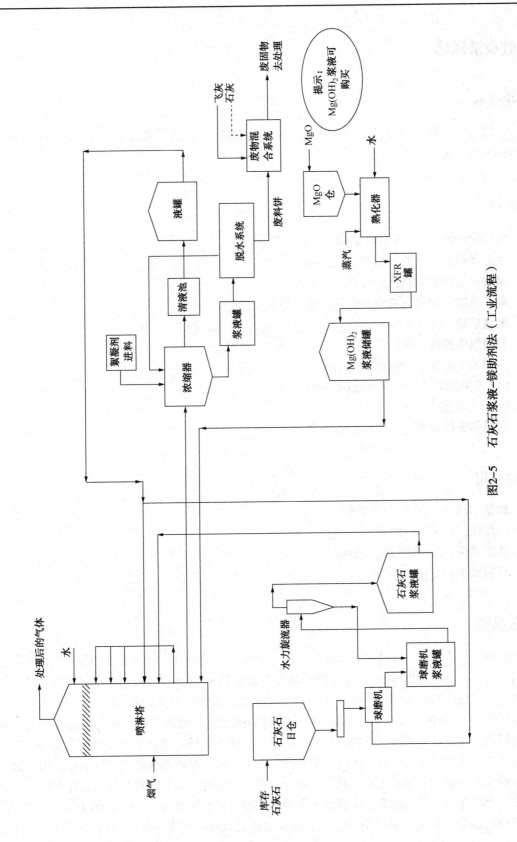

图2-5 石灰石浆液-镁助剂法（工业流程）

碱性灰洗涤法

工业技术

采用碱性灰浆液（有时用石灰或石灰石补充）吸收 SO_2，然后通过浓缩过滤或送入处理池进行固体物分离。

工艺特点

SO_2 吸收剂：碱性灰有时增补石灰或石灰石。
主要原料：碱性灰；（石灰或石灰石）。
潜在的可销售副产品：无。
固体废物：混有飞灰的亚硫酸钙和硫酸钙废固物。
液体废物：无。
其他气体排放：无。
入口 SO_2 浓度：600~2000μg/g。
SO_2 去除能力：典型设计范围为 60%~95%。
NO_x 去除能力：无。
颗粒物去除能力：有集成控制能力。

工业应用

数量/类型：很多。公用锅炉。
应用地区：美国；欧洲。
首次试用：20 世纪 70 年代中期。
目前状态：在用。

工艺描述

在碱性灰洗涤法中有两个主要变量。第一个变量是洗涤方法——要么颗粒物与 SO_2 联合控制，要么在上游分别控制（先是干颗粒物控制随后是 SO_2 控制）。采用联合控制方法时，可采用文丘里洗涤器后接"剔除"塔，为额外去除 SO_2，该塔有喷淋器和/或塔盘，加上一个除雾器。塔盘/喷淋器与文丘里洗涤器可以有公共的或单独的循环回路。从洗涤器排出的废浆液采用处理池或机械系统进行浓缩和过滤脱水，澄清水循环回洗涤系统。颗粒物和 SO_2 联合控制的投资成本比分别控制方法的成本要低。最大的缺点是控制吸收的化学难度较大，因为来自碱性灰的碱性增加不受控。采用上游分别控制方法时，控制干颗粒物需要将灰收集并存储在一个筒仓内，然后按需要计量到洗涤器里，要有更好的化学控制。通常联合采用急冷/喷淋（喷雾）塔，但文丘里也用。第二个变量是补充碱——钙质石灰（CaO 含量高）、高镁石灰(镁含量高的石灰)或石灰石(在少数情况下)。几乎每一个碱性灰系统都是为使用一些补充碱而设计;但是,实际上美国 7 家工厂 16 套装置中只有约半数经常使用补充碱。同样值得注意的是,在美国几乎所有碱性灰洗涤系统都配有烟气再热,主要是因为这些系统比较老,而且西部地区的装置还要受到烟羽能见度这一规定限制。烟气再加热在美国(东部)的新建厂很少使用。如图 2-6 所示。

优点/缺点

优点
- 具有颗粒物和 SO_2 联合去除能力。
- 吸收剂原料用量最少或减少。

缺点/局限性
- 产生没什么再利用价值的废固物。
- 由于控制化学不稳定性所带来的难度,许多系统遇到过结垢和堵塞问题。
- 只适用于高碱性灰煤。

主要供应商

| Bechtel | M. W. Kellogg/Weir | Thyssen/CEA |

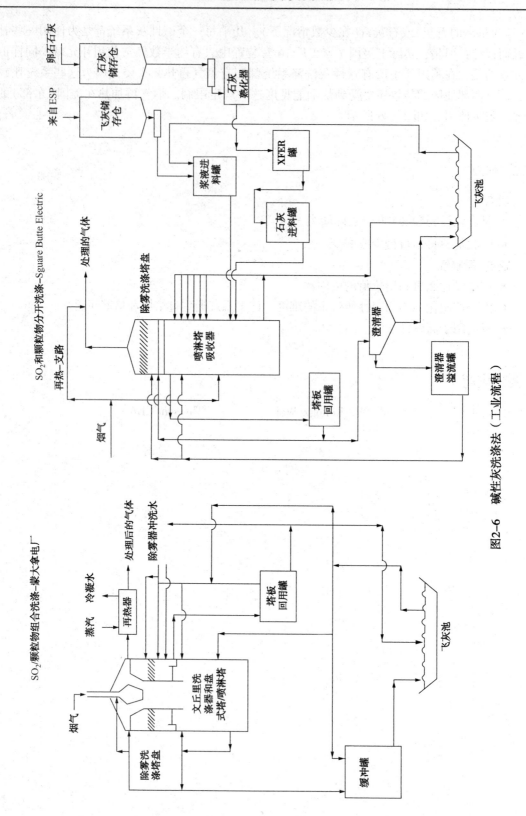

图2-6 碱性灰洗涤法（工业流程）

钠/石灰双碱法(浓缩型)

工业技术

采用亚硫酸钠溶液吸收 SO_2，废液与石灰反应来再生吸收剂，产生的废固物通过浓缩/过滤方法除去。

工艺特点

SO_2 吸收剂：亚硫酸钠/亚硫酸氢钠溶液或氢氧化钠/亚硫酸钠溶液。
主要原料：石灰(熟石灰或生灰石)；苛性苏打灰(苛性钠)或苏达粉(碳酸钠)。
潜在的可销售副产品：无。
固体废物：亚硫酸钙和硫酸钙混合物。
液体废物：无。
其他气体排放：无。
入口 SO_2 浓度：1200~150000μg/g(工业运转)。
SO_2 去除能力：典型设计范围为 90%~99.5%；最大值为 99.9$^+$%(入口 SO_2 浓度最高时)。
NO_x 去除能力：无报道。
颗粒物去除能力：有集成控制能力。

工业应用

数量/类型：很多。公用锅炉和工业锅炉；焦炭炉；矿石焙烧炉和炉。
地点：北美；欧洲；远东；印度。
首次试用：20 世纪 70 年代。
目前状态：在用。

工艺描述

通常在一种盘式塔、填料塔或圆盘塔/环塔中，烟气与可吸收其 SO_2 的亚硫酸钠/亚硫酸氢钠溶液或亚硫酸钠/氢氧化钠溶液相接触。接触吸收后的废液不断被排到一个反应器系统，在此与熟石灰反应。石灰使吸收剂溶液再生，并沉淀生成亚硫酸钙(含少量硫酸钙共沉淀物)混合物。固体物用浓缩和过滤方法去除，再生溶液返回洗涤器，滤饼通常经洗涤以重新获得钠盐。钠的补充量为 SO_2 吸收量的 2%~10% 不等，具体要取决于所用溶液的浓度和滤饼的洗涤程度。吸收剂变成硫酸盐的氧化过程由损失在滤饼中的硫酸钙和硫酸钠的共沉淀情况来控制。如图 2-7 所示。

优点/缺点

优点
- 清液洗涤使结垢和堵塞问题最小化。
- SO_2去除率高和容许的波动范围宽。
- 废固物不需要掺灰就可以处置。
- 能做到SO_2和颗粒物集成控制。

缺点/局限性
- 产生没什么再利用价值的废固物。
- 为解决吸收剂的氧化增加,需要相对更高的投资成本,因此通常不适于硫含量非常低的应用。

主要供应商

Advanced Air Technology	Anderson 2000	Marsulex
AirPol/FLS Miljo	Arthur D. Little	Ontario Hydro

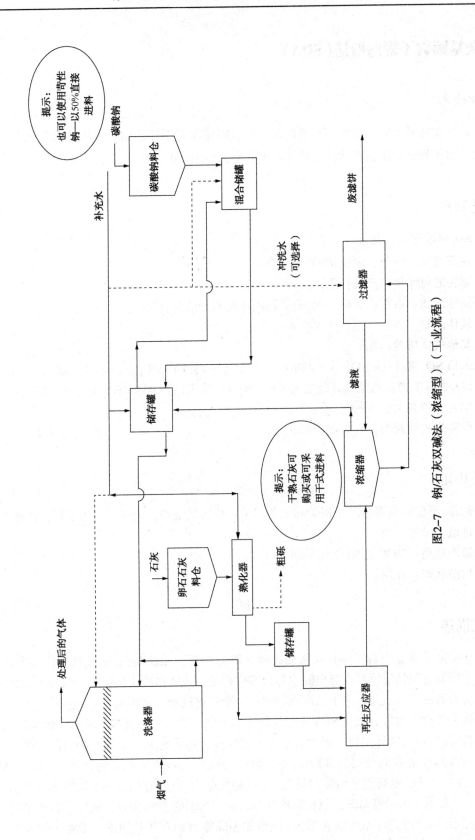

图2-7 钠/石灰双碱法(浓缩型)(工业流程)

石灰基喷雾干燥吸收法(SDA)

工业技术

烟气在喷雾干燥器中与石灰浆接触,然后固体物再循环使用。气体被部分润湿,SO_2被吸收。固体物被收集在织物过滤器或静电除尘器(ESP)中。

工艺特点

SO_2吸收剂:石灰。
主要原料:石灰;氯化钠(有时需要)。
潜在的可销售副产品:无。
固体废物:石灰、亚硫酸钙/硫酸钙固体与灰分的混合物。
液体废物:无。
其他气体排放:无。
入口SO_2浓度:<100~约3000μg/g(工业运转);约3500μg/g(示范测试)。
SO_2去除能力:典型设计范围为80%~93%;最大值约95%(SO_2浓度最高时)。
NO_x去除能力:无报道。
颗粒物去除能力:有集成控制能力。

工业应用

数量/类型:很多。公用锅炉和工业锅炉;垃圾焚烧炉;冶炼厂;炼油厂;造纸业。
地点:世界各地。
首次试用:20世纪80年代早期。
目前状态:在用。

工艺描述

在喷雾干燥器中烟气与石灰浆相接触并部分润湿,亚硫酸钙/硫酸钙固体再循环使用。喷雾干燥器与织物过滤器或静电除尘器(ESP)相接,固体物被收集在此。部分固体物循环使用,与新石灰一起成浆。剩下的废固物送往一个存储筒仓,从那里将它们直接装进入卡车或车厢送去处理。通常石灰基SDA工艺受制于水的蒸发能力。能被带入喷雾干燥器的水量(这种石灰浆进料)有实际限值,因此对于大多数喷雾干燥系统的大多数应用而言,虽然在去除率为90%时理论限值更接近4000μg/g,但在去除率为90%~95%的情况下实际限值约为3000 μg/g。具有更高烟气温度的设施(更高蒸发能力)允许在入口SO_2浓度更高的情况下操作。特别是在SO_2浓度高时,氯化物的存在增加了SO_2的去除能力,减少了石灰消耗。也有报道称用硅处理石灰(ADVACA工艺)能增加去除能力和石灰利用率。喷雾干燥器的主要区别因素是喷雾干燥器的雾化方式——双流喷嘴与旋转雾化器。对于更高 SO_2 浓度首选雾化器。如图 2-8 所示。

优点/缺点

优点
- SO_2 和颗粒物可集成控制。
- 维护和操作工作相对少。
- 通过清洁气体再循环使操作弹性高。
- 通常 SO_3 去除率高。
- 部分饱和烟道废气不需要再加热。

缺点/局限性
- 产生没什么再利用价值的废固物。
- 入口 SO_2 浓度高时 SO_2 的去除有限。
- 通常石灰需求量高。
- 在采用 SCR 和 SNCR 控制 NO_x 时安装的注氨装置中有产生"黏性"固体物的问题。

主要供应商

ABB/EPA（ADVACATE）	B&W	Niro	Wheelabrator
AirPol/FLS Miljo（GSA）	Belco/Societe LAB	Procedair	
Amerex	Environmental Elements	Research Cottrell	

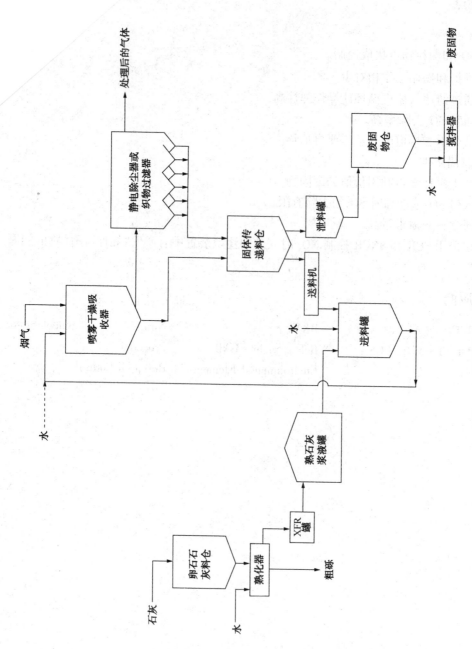

图2-8 石灰基喷雾干燥吸收法（工业流程）

钠基喷雾干燥吸收法(SOA)

工业技术

烟气在喷雾干燥器中与钠盐浆液/溶液接触,部分润湿气体并吸收 SO_2。废固物在下游被收集。

工艺特点

SO_2 吸收剂:钠碱。
主要原料:钠碱(苏达粉、天然碳酸氢钠、天然碱、废盐水)。
潜在的可销售副产品:无。
固体废物:钠碱、亚硫酸钠/硫酸钠固体与灰的混合物。
液体废物:无。
其他气体排放:无。
入口 SO_2 浓度:$<100 \sim 1800 \mu g/g$(工业运转)。
SO_2 去除能力:典型设计范围为 85%~95%;最大值约 98%(SO_2 浓度最高时)。
NO_x 去除能力:无报道。
颗粒物去除能力:有集成控制能力。

工业应用

数量/类型:有一些应用,多半为公用锅炉和工业锅炉。常规的工艺操作。
地点:北美;欧洲;亚洲。
首次试用:20 世纪 80 年代早期。
目前状态:在用。

工艺描述

烟气在喷雾干燥器中与钠碱盐、循环的亚硫酸钠/硫酸钠固体和灰的浆液接触。喷雾干燥器与织物过滤器或静电除尘器相接,在此固体物被收集。一部分固体物可再循环,并与新鲜钠碱原料一起成浆。剩下的废固物送往一个存储筒仓,将它们直接装入卡车或厢车送去处理。通常 SDA 工艺受制于气体中水的蒸发能力,它限制了进入喷雾干燥器的水量,从而限制了进料固体物浓度,但钠基 SDA 受限程度低于石灰基喷雾干燥器系统。对于大多数喷雾干燥器系统,在化石燃料燃烧系统使用中,尽管去除率在 90% 的理论限值更近 $4000\mu g/g$,但在去除率达到 90%~95% 时的实际限值是 $3000\mu g/g$。钠基系统比石灰基系统的限值或许能高 20%~25%。具有更高烟气温度的设施(更高蒸发能力)可允许在入口 SO_2 浓度更高的条件下操作。钠基喷雾干燥器的最大缺点是钠组成成本高和处理的废物具有高溶解性。如图 2-9 所示。

优点/缺点

优点

- SO_2 和颗粒物可集成控制。
- 维护和操作工作相对较少。
- 没有结垢或堵塞的可能性。
- 通过清洁气体再循环使操作弹性高。
- 通常 SO_3 去除率高。
- 部分饱和烟道废气不需要再加热。

缺点/局限性

- 产生没什么再利用价值的废固物并且因钠盐的溶解性使其处理起来可能麻烦。
- 入口 SO_2 浓度高时 SO_2 的去除有限。
- 通常钠成本高(即使是工业碱)。
- 在采用 SCR 和 SNCR 控制 NO_x 时注氨装置中有产生"黏性"固体物的问题。

主要供应商

ABB	Belco/Societe LAB	UOP
B&W	Procedair	Wheelabrator

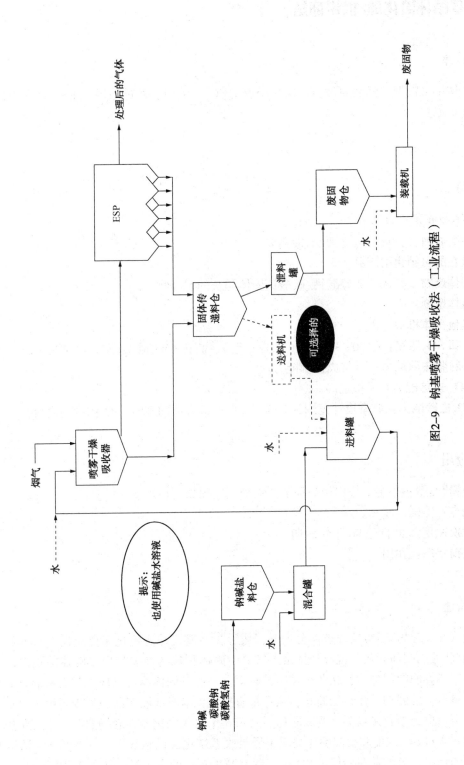

图2-9 钠基喷雾干燥吸收法（工业流程）

石灰基循环流化床/携带床法

工业技术

气体部分润湿,然后通过石灰携带床吸附 SO_2,采用织物过滤器或 ESP 收集的钙-硫固体和灰再循环。

工艺特点

SO_2 吸收剂:石灰。
主要原料:石灰;氯化钠(有时需要)。
潜在的可销售副产品:无。
固体废物:石灰、亚硫酸钙/硫酸钙固体与灰的混合物。
液体废物:无。
其他气体排放:无。
入口 SO_2 浓度:<100~3800ppm(工业运转);高达 6500μg/g(示范测试)。
颗粒物去除能力:有集成控制能力。
NO_x 去除能力:无报道。
SO_2 去除能力:典型设计范围为 85%~95%;最大值约 97%(SO_2 浓度最高时)。

工业应用

数量/类型:很多。公用锅炉和工业锅炉;废固物焚烧炉。
地点:美国;欧洲。
首次试用:20 世纪 80 年代后期。
目前状态:在用。

工艺描述

烟气在文丘里/喷雾器段被部分加湿,然后在上流式并流流化床反应器中与熟石灰、亚硫酸钙/硫酸钙固体和灰的混合物接触。气流中固体颗粒物被夹带出接触器的顶部,进入织物过滤器或者静电除尘器,在此固体物被收集。一部分固体物再循环,与石灰混合并以干料进入接触器。废固物送往存储筒仓,从那被直接装入卡车或厢车送去处理。由于熟石灰是干进料,所以要么是直接购买,要么是卵石石灰在干石灰水化器中现场潮解。干石灰进料可允许应用在入口 SO_2 浓度和去除率比喷雾干燥吸收系统更高的情况下。对入口 SO_2 浓度高和去除率高的情况,氯的存在会促进 SO_2 的去除并减少石灰的需求量。如图 2-10 所示。

优点/缺点

优点
- SO_2 和颗粒物可集成控制。
- 维护和操作工作量低。
- 没有结垢或堵塞可能性——无泥浆或脱水处理系统。
- 对于其他酸性气体，特别是 SO_3、HCl 和 HF 的去除效率高。
- 与喷雾干燥吸收（SDA）法相比，可以在入口 SO_2 浓度更高和去除率更高的情况下操作。
- 通过清洁气体再循环使操作弹性高。
- 部分饱和烟道废气不需要再加热。

缺点/局限性
- 产生没什么再利用价值的废固物。
- 与喷雾干燥吸收（SDA）系统相比，石灰消耗量相对高。
- 在采用 SCR 和 SNCR 控制时注氨装置中有产生"黏性"固体物的问题。

主要供应商

ABB	Amerex	Lentjes-Bischoff（Lurgi）
AirPol/FLS Miljo	Environmental Elements	Procedair
（GSA operated on dry lime feed）	（Lentjes-BischoffLurgi）	Wulff Gmbh

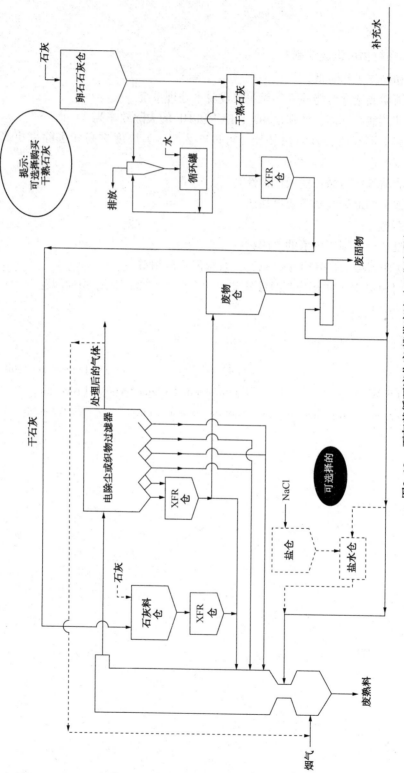

图2-10 石灰基循环流化床携带床法（工业流程）

钠基管道注入法

工业技术

钠碱吸收剂干式注入到微粒收集器上游的烟气管道中。固体物在下游被收集到织物过滤器或 ESP 中。在管道和微粒收集器中实现 SO_2 的去除。

工艺特点

SO_2 吸收剂：钠碱。

主要原料：钠碱盐（如，纯碱、小苏达、天然碳酸氢钠）。

潜在的可销售副产品：无。

固体废物：亚硫酸钠/硫酸钠固体与灰的混合物。

液体废物：无。

其他气体排放：无。

入口 SO_2 浓度：300~1200μg/g（工业运转）。

SO_2 去除能力：25%~80%（工业运转），与操作条件高度相关。

NO_x 去除能力：无报道。

颗粒物去除能力：有集成控制能力。

工业应用

数量/类型：很多。燃烧锅炉；垃圾焚烧炉；炼油厂；生产装置。

地点：美国；欧洲。

首次试用：20 世纪 80 年代后期。

目前状态：在用。

工艺描述

钠碱被注入到微粒收集器（织物过滤器或静电除尘器）上游的烟道中。在管道和微粒收集器两者中实现 SO_2 的去除。有许多工艺，主要不同之处在于所用钠碱的类型、吸收剂制备、注入方式（湿式和干式）、管道停留时间（更长会有利些）以及微粒收集器的类型。气体的润湿程度是最重要的因素之一。完全干燥的系统不会达到 SO_2 去除水平，或者要用到像浆液注入或水喷雾来部分润湿气体那样的碱。织物过滤器通常也要比 ESP 好，因为袋子表面提供了附加的气体/吸收剂接触时间。就这点而言，已说明织物过滤器清洗周期对 SO_2 去除和碱利用率有影响。所用钠盐包括碳酸钠、碳酸氢钠、钠倍半碳酸盐、精制天然碱（天然碳酸钠和碳酸氢钠）和天然碳酸氢钠。从 SO_2 去除和盐的利用效果来看，最成功的是碳酸氢钠和天然碳酸氢钠，并因此促使建立 NaTec（钠技术）以获得天然碳酸氢钠来源和以此为基础的技术市场。某些系统中也会注入尿素以抑制吸收过程中 NO_2 的形成(它会导致附加烟羽)。如图 2-11 所示。

优点/缺点

优点
- SO_2 和颗粒物可集成控制。
- 维护和操作工作相对少。
- 包括 SO_3 和 HCl 在内的其他酸性物去除能力强。
- 部分饱和烟道废气不需要再加热。

缺点/局限性
- 产生没什么再利用价值的废固物。
- 在入口 SO_2 浓度高时 SO_2 的去除能力有限。
- 废固物中潜在的高溶解性物质可能迫使选择替代处理方法。

主要供应商

ASS	EPRI	Many Proprietary	Wheelabrator
Airborne (formerly NaTec)	Solvay	("Home Grown")	

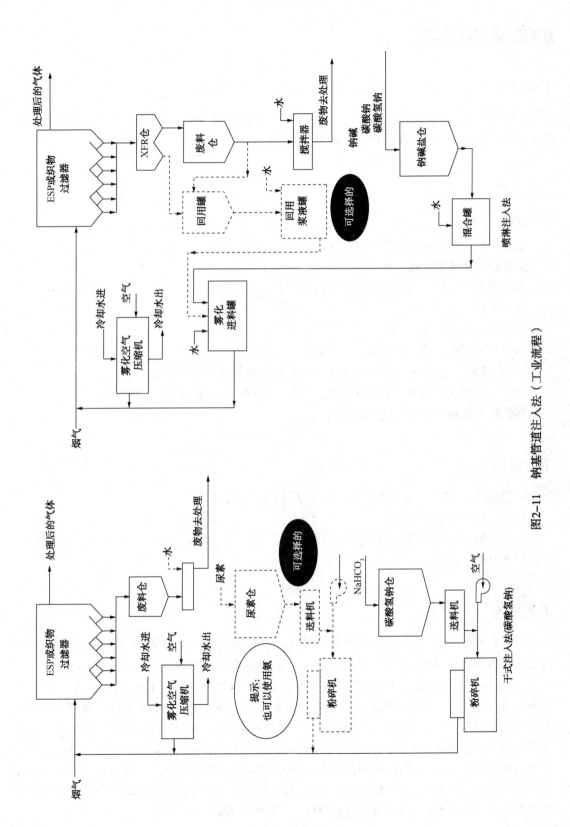

图2-11 钠基管道注入法（工业流程）

炉内吸收剂注入法

工业技术

石灰石（或石灰）注入到锅炉内，有时附带下游喷水增湿器。固体物收集在织物过滤器或 ESP 中。SO_2 在锅炉、管道和收集器中被吸收。

工艺特点

SO_2 吸收剂：石灰（CaO）。
主要原料：石灰或石灰石。
潜在的可销售副产品：无。
固体废物：石灰、硫酸钙固体与灰的混合物。
液体废物：无。
其他气体排放：无。
入口 SO_2 浓度：$700 \sim 2500 \mu g/g$（试验）。
SO_2 去除能力：$45\% \sim 90^+\%$（试验）——高度依赖系统和操作变量。
NO_x 去除能力：有几个设计中包括了 NO_x 控制能力（可能在 $50\% \sim 80^+\%$）。
颗粒物去除能力：有集成控制能力。

工业应用

数量/类型：很多。主要是公用锅炉和工业锅炉。
地点：欧洲；美国；亚洲。
首次试用：20 世纪 80 年代后期（当前技术）。
目前状态：在用。

工艺描述

石灰石或石灰在一个适宜 SO_2 吸收的最佳温度范围被注入到燃烧炉（通常是火墙式锅炉或切向燃烧锅炉），通常范围在 $900 \sim 1200$℃。高燃烧温度的焙烧，使石灰（CaO）或石灰石与 SO_2 反应形成无水 $CaSO_4$。然后固体物在下游收集器（织物过滤器或 ESP）中被收集。技术变化有很多。包括：使用如上所述的石灰石或石灰、收集器上游使用喷水增湿、循环部分吸收剂、使用添加剂（主要是钠碱）以及包括 NO_x 集成控制（通常是通过注入尿素的方法）。SO_2 去除效率受高传质限制。因此，许多变量影响性能：SO_2 浓度（越低越容易）、石灰/石灰石类型（镁有助于去除）、气体加湿程度（加湿程度越高越有助于去除）、吸收剂颗粒大小（磨碎有助于去除）、添加剂、管道接触时间（越长越有助于去除）、碱进料化学计量（越高越好）以及颗粒物收集器类型（通常织物过滤器更好）。如图 2-12 所示。

优点/缺点

优点
- SO_2和颗粒物(有时还有NO_x)可集成控制。
- 维护和操作工作相对少。
- 没有结垢和堵塞可能性。
- 烟道废气不需要再加热。

缺点/局限性
- 产生没什么再利用价值的废固物。
- 在入口SO_2浓度高时SO_2去除率通常限至<90%,除非配置有可模拟喷雾干燥器的下游加湿系统。
- 通常石灰/石灰石需求量高。

主要供应商

工业技术供应商		技术开发商	
ABB	Osterreichische	ABB/EPA(L1MB-	Fossil Energy Research
B&W(LIDS)	Draukraftwerke	ADVACATE)	Steinmuller
Inland Steel/Research	Riley	B&W(ALlDS)	TAV Trocken
Cottrell	Tampella(LIFAC)	Babcock Hitachi	

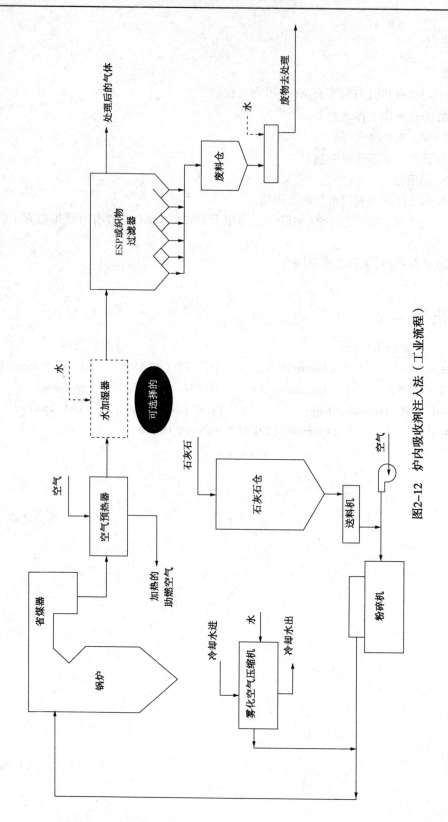

图2-12 炉内吸收剂注入法(工业流程)

钠溶液一次通过法

工业技术

碱性钠溶液吸收 SO_2,通常在排放前进行中和并氧化成硫酸钠。

工艺特点

SO_2 吸收剂:钠碱溶液(碱、碳酸钠、碳酸氢钠)。
主要原料:钠碱。
潜在的可销售副产品:无(在日本,亚硫酸钠或硫酸钠偶尔被销售)。
固体废物:无。
液体废物:亚硫酸钠或硫酸钠溶液。
其他气体排放:无。
入口 SO_2 浓度:$<100 \sim 100000^+ \mu g/g$
SO_2 去除能力:典型设计范围为 90%~98%;最大值为 $99.9^+\%$(SO_2 浓度最高时)。
NO_x 去除能力:在低硫应用中 NO_x 控制能力有限;也用添加剂(如,在 Sumitomo-Fujikasui 中使用 ClO_2)。
颗粒物去除能力:有集成控制能力

工业应用

数量/类型:很多。公用锅炉和工业锅炉、炼厂锅炉和生产装置、冶炼厂、纸浆厂和造纸厂、化工生产装置、通用制造装置。
地点:世界各地。
首次试用:20 世纪 30 年代。
目前状态:在用。

工艺描述

一次通过钠溶液洗涤是烟气脱硫技术最简单方式之一,包括用钠碱盐溶液洗涤,在排放前进行最低程度后处理(或偶尔再利用)。碱、碳酸钠、碳酸氢钠、天然碱(不纯的碳酸钠)和废卤水全被使用。几乎所有类型的洗涤容器也都被使用。为了在 SO_2 浓度高时能达到高效去除,盘式塔更受青睐。为了实现颗粒物和 SO_2 联合控制,常见的是文氏管。在大型系统中,液体通常是直接送到蒸发池。在规模较小的工厂,液体经常被送到污水处理厂或中和、氧化后排放。如图 2-13 所示。

优点/缺点

优点
- 清洁溶液洗涤使结垢和堵塞问题最小化。
- 对于宽范围入口 SO_2 浓度都有高去除效率。
- 容许入口 SO_2 浓度有较宽的波动范围。
- 能集成 SO_2 和颗粒物控制。
- 工艺非常简单。
- 废液相对危害性不大。

缺点/局限性
- 产生的废液可能在很多应用中存在环境制约。
- 钠碱成本高,除非 SO_2 浓度非常低或者有可利用的废碱源。
- 废液没有什么价值,除非能联合像纸浆厂和造纸厂这样的附属用户。

主要供应商

Advanced Air Technology	Anderson 2000	Exxon (ERE)	Sumitomo—Fujikasuito
Airborne	Arthur D. Little	Kureha	Tsukishima-Bahco
Airpol/FLS Miljo	Belco	Marsulex	UOP
American Air Filter	Clean Gas Systems	Procedair	Wheelabrator
Amerex	EEC	Showa-Denko	Zum

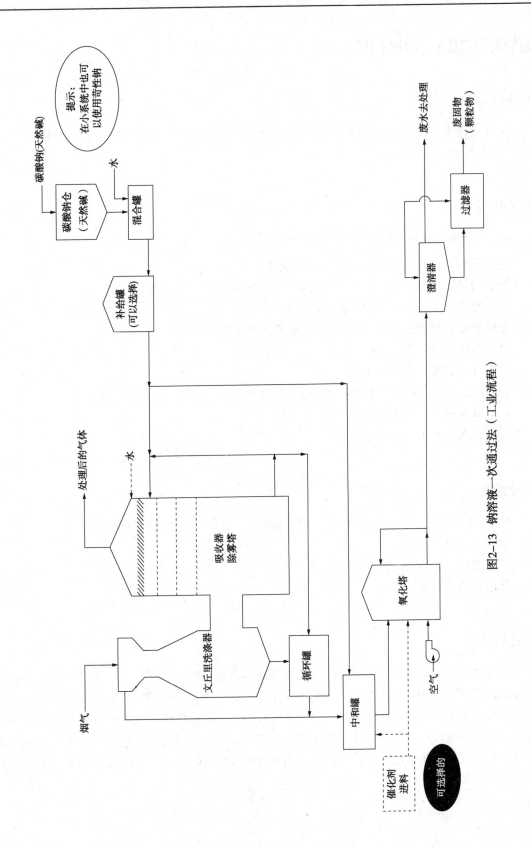

图2-13 钠溶液一次通过法（工业流程）

氢氧化镁溶液一次通过法

工业技术

氢氧化镁浆液吸收 SO_2，通常先进行中和并氧化成硫酸镁，然后排入污水处理厂(在纸浆厂镁盐可以循环利用)。

工艺特点

SO_2吸收剂：亚硫酸镁/亚硫酸氢镁—溶液和浆液。
主要原料：氧化镁(现场水化)或氢氧化镁。
潜在的可销售副产品：用于镁基纸浆厂的亚硫酸镁/亚硫酸氢镁。
固体废物：无(除非与颗粒物控制相结合)。
液体废物：硫酸镁溶液(除非作为亚硫酸镁溶液再循环)。
其他气体排放：无。
入口 SO_2 浓度：达到 $2500\mu g/g$。
SO_2 去除能力：典型设计范围为 90%；最大值为 $98^+\%$(SO_2浓度最高时)。
NO_x 去除能力：无报道。
颗粒物去除能力：有集成控制能力。

工业应用

数量/类型：几个。公用锅炉和工业燃油锅炉、纸浆厂和造纸厂黑液锅炉。
地点：美国；远东。
首次试用：20 世纪 70 年代。
目前状态：在用。

工艺描述

单程通过镁溶液洗涤与单程通过钠洗涤类似。它包括用补充添加了氢氧化镁(以维持操作 pH 值)的亚硫酸镁/亚硫酸氢镁循环溶液洗涤。由于 $Mg(OH)_2$ 浆液或 $MgSO_3$ 浆液的频繁出现，所以采用开放式喷淋塔或具有喷淋和开放型、自排式筛盘的塔。有两种选择来处理废液。一种是溶液再利用，这通常发生在附属纸浆厂。另一种是通过后处理系统排放，包括与洗涤器旁路氢氧化镁浆液中和，再氧化成更多的可溶性硫酸镁。然后溶液送到污水处理厂或直接排放。如图 2-14 所示。

优点/缺点

优点
- 对于相对较宽范围的入口 SO_2 浓度都有高去除效率。
- 容许的入口 SO_2 浓度波动范围大。
- 能集成 SO_2 和颗粒物控制。
- 工艺非常简单。
- 废液相对危害性小。

缺点/局限性
- 如果不再利用(如纸浆厂),那么产生的废液可能在很多应用中存在环境制约。
- 废液没有什么价值,除非能联合像纸浆厂和造纸厂这样的附属用户。

主要供应商

IHI	Marsulex	Taiwan Energy & ResourcesLaboratories
Kawasaki	Mitsui	Ube

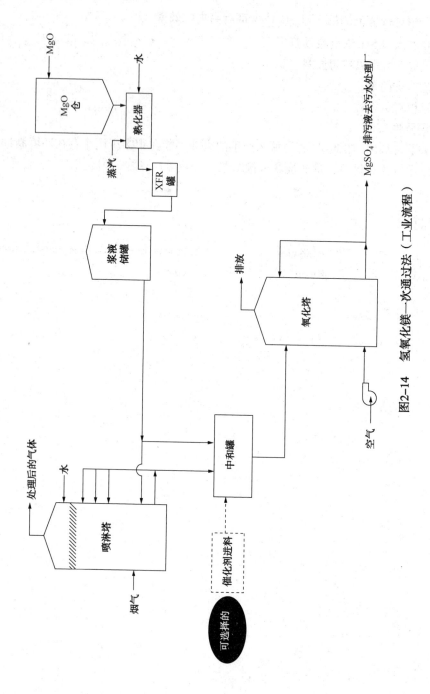

图2-14 氢氧化镁一次通过法（工业流程）

海水洗涤法

工业技术

海水吸收 SO_2，有时用石灰来增强，然后通过与额外的海水混合进行中和，添加石灰，或两者兼而有之，并在排放前曝气。

工艺特点

SO_2 吸收剂：天然海水碱性(碳酸氢钠)有时用石灰增强。
主要原料：海水；(石灰)。
潜在的可销售副产品：无。
固体废物：无。
液体废物：废弃的中性海水。
其他气体排放：无。
入口 SO_2 浓度：高达约 $2000\mu g/g$(工业操作)。
SO_2 去除能力：典型设计范围为 80%~95%；最大值为 98^+%(SO_2 浓度最高时)。
NO_x 去除能力：无报道。
颗粒物去除能力：海水直接排放需要上游有单独的颗粒物控制。

工业应用

数量/类型：很多。公用锅炉和工业锅炉、炼油厂。
地点：斯堪的纳维亚、印度、远东、南美洲。
首次试用：20 世纪 30 年代。
目前状态：在用。

工艺描述

海水洗涤有两种基本方法，并且每种都有几种变化。一种方法只使用天然碱度的海水；另一种方法是用添加石灰来增强天然碱度。在设计配置中起重要作用的因素是海水的可用性、入口 SO_2 浓度和去除要求以及排放海水的环境限制。最简单的方法是采用多次接触塔(喷雾塔、填料塔或组合塔)进行一次通过海水洗涤，该法可能混有其他海水冷却水的海水直接排放(返回)。排放处理过程中的变量包括：洗涤器排放物的强制氧化(基本上将所有亚硫酸盐/亚硫酸氢盐都转化成硫酸盐)、pH 值的调整(通常采用石灰)，以及曝气来补充一部分溶解氧。石灰也可以被添加到吸收器以提高去除效率、降低海水用量和液气比。贝克特尔(Bechtel)的海水洗涤技术包括利用反应罐外部洗涤器使硫酸镁与石灰反应产生氢氧化镁和石膏沉淀。富含 $Mg(OH)_2$ 的溶液再循环到洗涤器，以提高去除效率。排放前石膏被再次溶解在海水中。如图 2-15 所示。

优点/缺点

优点
- 通常结垢的可能性非常低。
- 可避免产生废固物。
- 如果海水是现成的,尤其是将其用于 CW 厂,则非常经济合算。

缺点/局限性
- 低 SO_2 烟气净化时可能会因为其低耐氧化性而不经济。
- 相对复杂并且能耗高。
- 投资成本高。

主要供应商

Flakt-Hydro/ ABB
Bechtel

B&W
Lentjes-Bischoff(Bischoff)

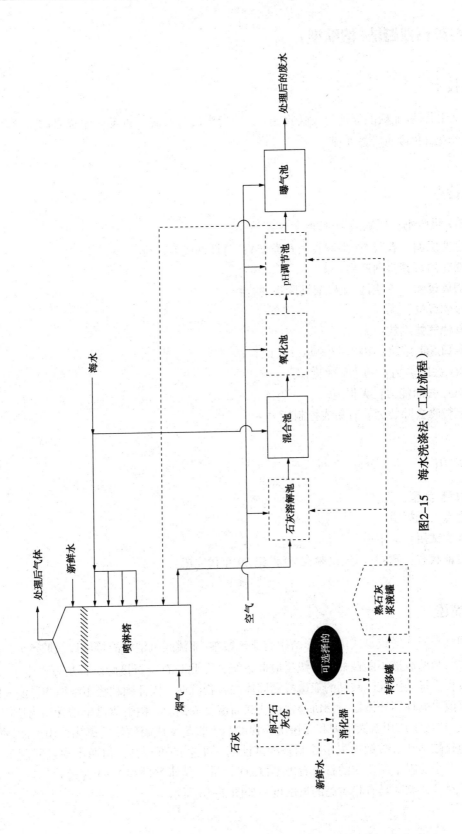

图2-15 海水洗涤法(工业流程)

钠/石灰石双碱法(浓缩型)

研发技术

亚硫酸钠/亚硫酸氢钠溶液吸收 SO_2，然后废液与石灰石再反应生成吸收剂，产生的废固物经浓缩和过滤后去处理。

工艺特点

SO_2 吸收剂：亚硫酸钠/硫酸氢钠溶液。
主要原料：石灰石(限制石灰石类型)；苛性钠或苏达粉。
潜在的可销售副产品：无。
固体废物：硫酸钙/亚硫酸钙废物混合物。
液体废物：无。
其他气体排放：无。
入口 SO_2 浓度：$2000\sim3000\mu g/g$(试验)。
SO_2 去除能力：$90^+\%$(试验)。
NO_x 去除能力：无报道。
颗粒物去除能力：有集成控制能力。

工业应用

数量/类型：无。
地点：无报道。
首次试用：无报道。
目前状态：暂停(验证试验在 20 世纪 80 年代完成)。

工艺描述

烟气在板式塔或盘式塔/环形塔中与亚硫酸钠/亚硫酸氢钠溶液接触以吸收 SO_2。近于纯亚硫酸氢盐的废液不断被抽到多级反应器系统，在此与石灰石接触。石灰石再生了吸附液，并生成含少量共沉淀硫酸钙的亚硫酸钙固体混合物沉淀。固体颗粒物用浓缩和过滤去除，再生的溶液再循环回洗涤器。滤饼通常经洗涤而恢复成钠盐。钠组成比率估计约为所吸收 SO_2 的 5%，取决于所用溶液浓度和滤饼洗涤程度。吸收剂变成硫酸盐的氧化作用由滤饼中共同沉淀的硫酸钙和硫酸钠损失来控制。测试证明了工艺的可行性，但两个缺点限制了其工业化。一个是受限于所要求的石灰石类型(CaO 含量、晶体类型和 MgO 含量)，另一个是其工艺化学对工艺波动具有相对高的灵敏度。如图 2-16 所示。

优点/缺点

优点
- 清洁溶液洗涤使结垢和堵塞问题最小化。
- 控制沉淀反应产生废固物,不掺灰就可以处理。
- 能集成 SO_2 和颗粒物控制。

缺点/局限性
- 产生没什么再利用价值的废固物。
- 一般不适用于非常低硫的应用情况,因为需要相对更高的投资成本来处理增加的吸收剂氧化。
- 需要在晶体类型和 Mg 含量方面都有限制要求的高质量石灰石。

主要开发商

Arthur D. Little   Ontario Hydro (FMC)   US EPA

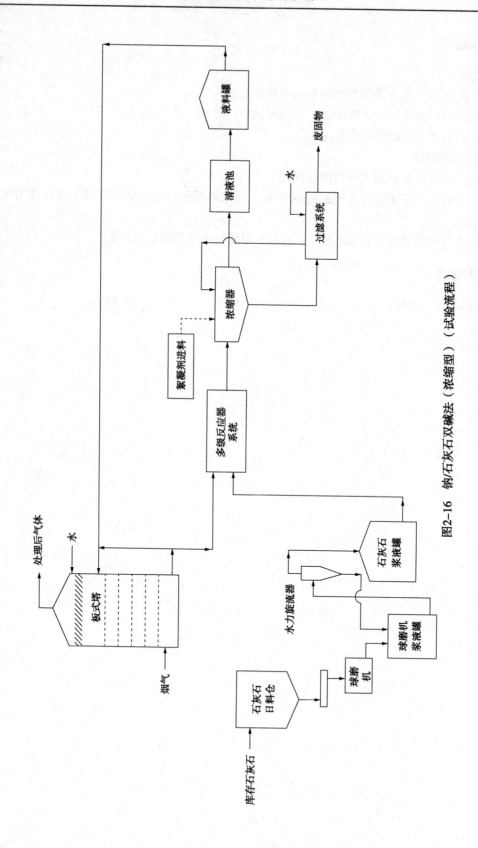

图2-16 钠/石灰石双碱法(浓缩型)(试验流程)

带 NO_x 控制的循环流化床/携带床法

研发技术

氨注入热烟气中，然后与携带床的石灰和催化剂(再循环亚硫酸钙/硫酸钙固体与灰的混合物)接触，最后收集在织物过滤器或静电除尘器中。

工艺特点

SO_2 吸收剂：石灰。

主要原料：石灰、氨。

潜在的可销售副产品：无。

固体废物：石灰、硫酸钙/亚硫酸钙固体、硫酸铁与灰的混合物。

液体废物：无。

其他气体排放：无。

入口 SO_2 浓度：达到 $1000\mu g/g$(试验)。

SO_2 去除能力：达到 97%(试验)。

NO_x 去除能力：80%~95%。

颗粒物去除能力：有集成控制能力。

工业应用

数量/类型：无。

地点：无报道。

首次试用：无报道。

目前状态：在研(处于中试)。

工艺描述

在温度 316~454℃(600~850°F)的热烟气中注入氨，然后在上流式并流流化床反应器中与含硫酸铁、熟石灰、亚硫酸钙/硫酸钙和灰混合物接触。硫酸铁是一种廉价的 NO_x 还原催化剂，石灰则吸收 SO_2。固体物被气流带出接触器顶部，进入织物过滤器或静电除尘器，在此固体物被收集起来。一部分固体物再循环，与石灰混合，以干进料进入到接触器底部。废固物送往存储筒仓，从此将其直接装入卡车或厢车送去处理。由于熟石灰是干进料，熟石灰要么必须购买要么在干石灰水化器中由卵石石灰现场熟化。气体接触系统中没用水。对于高入口 SO_2 浓度，在要求去除效率高时，有氯的存在就会提高 SO_2 的去除率，降低石灰的需求量。如图 2-17 所示。

优点/缺点

优点

- SO_2、颗粒物和 NO_x 可集成控制。
- 维护和操作工作少——没有结垢或堵塞的可能性。
- 没有浆液处理或排水系统。
- 对其他酸性气体去除效率高,特别是 SO_3、HCl 和 HF。
- 通过清洁气体再循环使操作弹性高。
- 烟道废气不需要再加热。

缺点/局限性

- 产生没什么再利用价值的废固物。
- 在入口 SO_2 浓度高时 SO_2 去除有限,只少于喷雾干燥吸收法。
- 与喷雾干燥吸收系统相比一般石灰需求量高。

主要开发商

Lentjes-Bischoff(Lurgi)

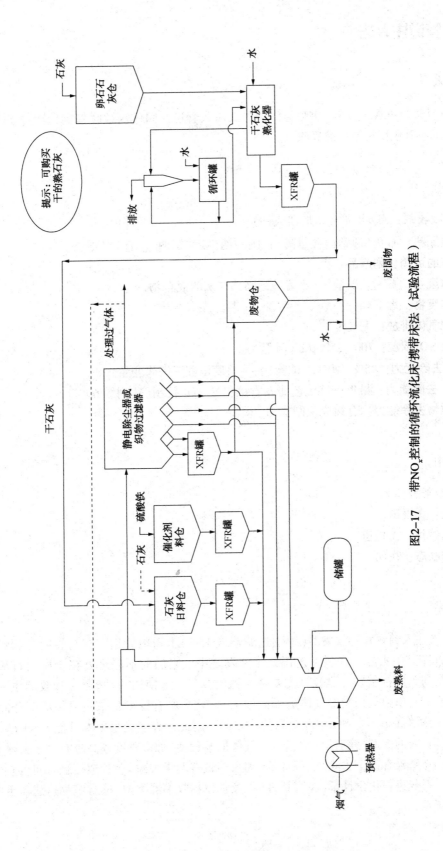

图2-17 带NO_x控制的循环流化床/携带床法(试验流程)

石灰基管道注入法

研发技术

石灰以浆液方式或干粉+水喷雾润湿方式注入管道,固体物被收集到织物过滤器或 ESP 中。SO_2 在管道和收集器中被吸收。

工艺特点

SO_2 吸收剂:石灰(通常添加镁或钠)。
主要原料:石灰(通常镁含量高);碳酸钠(碳酸氢钠)(有时需要)。
潜在的可销售副产品:无。
固体废物:石灰、硫酸钙/亚硫酸钙固体与灰的混合物。
液体废物:无。
其他气体排放:无。
入口 SO_2 浓度:700~2500μg/g(试验)。
SO_2 去除能力:45%~90$^+$%(试验)——高度依赖于操作变量。
NO_x 去除能力:最近一些工艺研发尝试包括 NO_x 控制(达到约 60%)。
颗粒物去除能力:有集成控制能力。

工业应用

数量/类型:无。
地点:无报道。
首次试用:无报道。
目前状态:在研。

工艺描述

石灰被注入到颗粒物收集器(织物过滤器或 ESP)上游的管道。在与管道和颗粒物收集器接触期间使 SO_2 去除。许多工艺正处于开发之中。它们的不同之处在于所用石灰的类型(高镁石灰与钙质石灰)、添加剂(主要是与钙质石灰一起使用的钠碱)和吸收剂注入的方式(以浆液或带有单独局部润湿气体的干式注入)。几乎所有技术都采用收集的部分固体物再循环以增加碱的利用率。SO_2 去除受高传质限制。因此,许多变量影响性能:SO_2 浓度(越低越容易)、石灰的类型(镁有助于去除)、气体加湿程度(加湿程度越高越有助于去除)、吸收剂颗粒大小(磨碎有助于去除)、添加剂(加入钠碱有助于去除)、管道接触时间(越长越有助于去除)、石灰进料化学计量(越高越好)以及颗粒物收集器类型(通常织物过滤器更好)。如图 2-18 所示。

优点/缺点

优点
- SO_2 和颗粒物集成控制。
- 维护和操作工作相对少。
- 烟道废气不需要再加热。

缺点/局限性
- 产生没什么再利用价值的废固物。
- 在入口 SO_2 浓度高时 SO_2 去除能力有限。
- 一般石灰需要量大。

主要供应商

浆液注入系统

供应商/开发商	工艺名称	吸收剂
ABB/EPA	ADVACATE	"活化后的"石灰(石灰/灰)
Bechtel	CZD	高镁石灰
Dravo	HALT	含白云石的石灰(Dolomitic Lime)
Marsulex (GEESI)	IDS	石灰
MHI	LILAC	"活化后的"石灰(石灰/灰)

干式注入+润湿系统

供应商/开发商	工艺名称	吸收剂
B&W/Consol	Coolside	石灰+钠碱
EPRI	HYPAS	石灰+钠碱

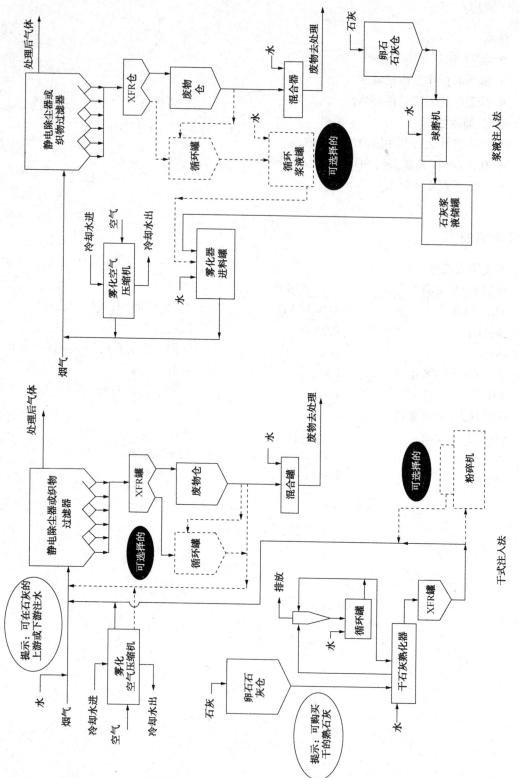

图2-18 石灰基管道注入法（试验流程）

石灰基省煤器注入法——SO_x-NO_x-Rox-Box(SNRB)

研发技术

热烟气[427~538℃(800~1000°F)]在一高温袋箱中与上游注入的碱和氨接触以去除SO_2、NO_x和颗粒物,采用织物过滤器,用催化剂浸渍滤袋。

工艺特点

SO_2吸收剂:石灰(含钠碱盐)。
主要原料:石灰(含钠碱盐);氨(如果包括NO_x控制的话)。
潜在的可销售副产品:无。
固体废物:消耗的吸收剂和灰。
液体废物:无。
其他气体排放:无。
入口SO_2浓度:2000~3000μg/g(试验)。
SO_2去除能力:50%~98%(试验)。
NO_x去除能力:80%~95%(试验)。
颗粒物去除能力:有集成控制能力。

工业应用

数量/类型:无。
地点:无报道。
首次试用:无报道。
目前状态:在研(完成中试)。

工艺描述

SO_x-NO_x-Rox-Box(SNRB)是一种SO_x/NO_x/颗粒物集成控制管道干式注入工艺。该项技术的核心是一种高温织物过滤器。在燃煤锅炉上它在省煤器和空气预热器之间。织物过滤器是在袋的下游(清洁侧)用SCR催化剂浸渍的陶瓷纤维织物。去除SO_2的干吸收剂(石灰或苏打碱)和去除NO_x的氨被注到上游的袋式除尘器。SO_2在袋式除尘器上游的管道系统被部分去除,但主要是在过滤器形成的滤饼上。SO_2的去除程度主要是所用碱的类型(钠盐,如天然碳酸氢钠,比石灰更有活性)、操作温度和所采用的Ca/SO_2或Na/SO_2化学计量的函数。一般来说,为达到"可观的"去除效率(范围是75%~90%),要求石灰的化学计量相对高,Ca/SO_2为1.8~2.2。效率若超过95%则需要Ca/SO_2化学计量超过2.5,但这会显著影响原材料成本。用天然碳酸氢钠在Na/SO_2化学计量约为1.0条件下就可以达到约90%的去除率。

同样，NO_x去除率主要是操作温度和氨化学计量的函数。形成的废固物都按常规清洗周期去除，并通过漏斗排到气动运输系统，然后送到废物储存筒仓。如图2-19所示。

优点/缺点

优点

- SO_x、NO_x和颗粒物联合去除。
- 可以结合气体温度、去除SO_2的碱的类型和负荷以及与特定场地的具体要求匹配的氨进料为用户灵活定制。
- 操作性工作量可能低。
- "一盒"控制系统。

缺点/局限性

- 浸渍织物的长期性能存在不确定性。
- 需要采用氨这种要求严格管理的危险化学品。

主要开发商

B&W（SNRB）   Research Cottrell（Economizer Injectionl）

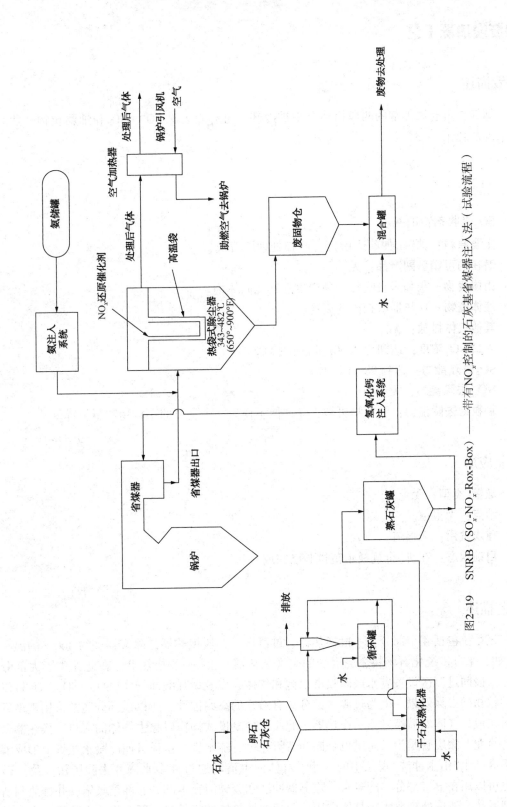

图2-19 SNRB（SO_x-NO_x-Rox-Box）——带有NO_x控制的石灰基省煤器注入法（试验流程）

冷凝换热器工艺

研发描述

烟气在带有添加剂的两段换热器中被冷却，可有效去除 SO_2、SO_3 和细颗粒物，然后通过清洗液移出。

工艺特点

SO_2 吸收剂：钠碱。
主要原料：钠碱（如苏达粉）；（吹扫处理用石灰）。
潜在的可销售副产品：无。
固体废物：灰和来自吹扫处理产生的其他固体物。
液体废物：换热器吹扫出的废物。
其他气体排放：无。
入口 SO_2 浓度：达到约 $2000\mu g/g$（试验）。
SO_2 去除能力：达到 98%（试验）。
NO_x 去除能力：无报道。
颗粒物去除能力：颗粒物可被去除，但不作为一个主要的颗粒物控制装置。

工业应用

数量/类型：无。
地点：无报道。
首次试用：无报道。
目前状态：在研（全规模示范试验已完成）。

工艺描述

该系统包括 4 个部分：一段换热器、过渡区、二段换热器、除雾器。约 300°F 的温和烟气（如，来自传统化石燃料燃烧锅炉的空气预热器）送入一段换热器，在此除去了大部分的显热。段间过渡区设置有水或碱喷淋以饱和气体，以及增强酸性气体（SO_2、SO_3、HCl）以及细颗粒物的去除效果。因为过渡区部分具有潜在的高腐蚀性，所以该部分通常采用玻璃纤维材料构成。气体然后经过第二换热器，此段以冷凝模式操作以除去气体的潜热。换热器采用了特氟龙® 涂层管是为了防腐也是因为特氟龙® 有疏水性。这样可使冷凝水在管上形成液滴而不会产生"雨水冲洗"现象中的水膜，气体向上流动通过许多水滴并去除了污染物。碱喷淋也可以用在第二部分。冷凝水、除雾器冲洗和废碱液在本部分底部被收集，并排放到清洗处理系统。清洗处理取决于具体应用，包括酸性气体的收集量、颗粒物的去除量、中和碱的可用性和成本以及当地的污水排放限制情况。如图 2-20 所示。

优点/缺点

优点
- SO_2 和 SO_3 联合去除。
- SO_x 和低含量颗粒物集成控制。
- 维护和操作工作相对少。
- 没有结垢或堵塞的可能性。
- 热回收提高了装置的热效率。
- 因气体的水含量更低使烟羽可见度更低。

缺点/局限性
- 产生的清洗液需要处理。
- 不适用于高 SO_2 浓度的高效去除。

主要开发商

B&W/CHX（IFGT）

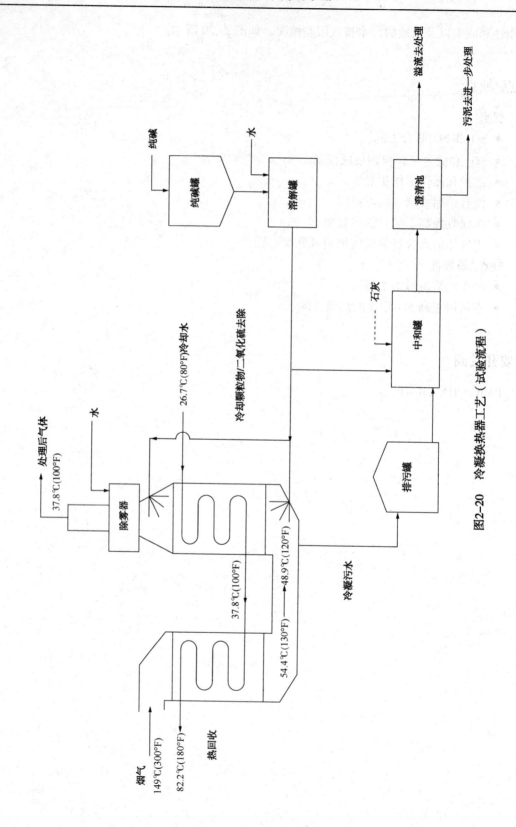

图2-20 冷凝换热器工艺(试验流程)

第 3 部分

FGD 技术简介
回收法工艺技术

石灰浆强制氧化法

工业技术

采用石灰浆吸收 SO_2，用空气氧化已沉淀的固体，然后进行石膏副产品固体的分离与脱水。

工艺特点

SO_2 吸收剂：石灰和硫酸钙/亚硫酸钙的混合物（如果采用 Mg 助剂石灰，有时要添加镁盐类的添加剂）。

主要原料：石灰（有时用高镁含量石灰如 Dravo 公司的 Thiosorbic 产品）；在某些应用中用到的添加剂（如甲酸）。

潜在的可销售副产品：石膏。

固体废物：无。

液体废物：为生产商品级石膏通常需要净化液。

其他气体排放：无。

入口 SO_2 浓度：1500～3000μg/g（工业运转）。

SO_2 去除能力：典型设计范围为 90%～95%；最大值约 96%（入口 SO_2 浓度最高时）。

NO_x 去除能力：无报道（有意的氧化会阻碍大多数添加剂的作用）。

颗粒物去除能力：有集成能力，但生产商品级石膏时除外。

工业应用

数量/类型：几套。公用与工业锅炉；工艺加热炉。

地点：美国；欧洲。

首次试用：20 世纪 80 年代中期。

目前状态：在用。

工艺描述

该技术首次重要工业应用是由 Saarberg-Holter 公司在德国的公用锅炉上实现的。该方法用甲酸作为脱除 SO_2 的缓冲剂并集成浆液曝气。主要针对工业级规模的其他系统已有发展，而且在欧洲大多数是没有添加剂的。石灰浆系统强制氧化技术只有最近才在美国的公用锅炉应用中站稳脚跟，一般是作为传统石灰洗涤法的改进方法，来生产石膏而不是生产没有市场价值且难于处理的废亚硫酸钙/硫酸钙固体。在典型的系统中，气体接触器由多级喷淋塔或雨淋式设备（如文丘里洗涤器）组成，或者通常由两者在底部与一内循环罐组合而成。石灰进入再循环罐，罐中形成的浆液在高液气比条件下通过接触器再循环。现在美国普遍采用两种方法使固体氧化。一种方法是在与石灰中和之前，富亚硫酸盐泥浆从洗涤器中脱除并进行空气氧化。为连续溶解和氧化已沉淀的亚硫酸钙需要保持相对较低的 pH。当需要调整 pH 值时，可使用硫酸。然后采用水力旋流器或常规浓缩后过滤的方法将固体从液体中分离。这种方法适于生产可售石膏（大部分是做壁板）以及水泥生产所用的细骨料。另一种方法是通常在一单独的曝气池中对来自洗涤器回路的中和后的固体进行部分氧化。然后固体通常用泵送到处置池。被分离的液体可以或不可以再循环到洗涤回路。如图 3-1 所示。

优点/缺点

优点

- 对产生废固物的传统石灰洗涤器进行了改进。
- 可生产商品级石膏。
- 重要的设计进步使结垢和堵塞问题最小化。
- 对 SO_2 和颗粒物有集成控制能力。

缺点/局限性

- 商品级石膏通常需要净化液处理系统。
- 在高硫情况下应用时要达到高去除率需要关闭化学控制并可能使用添加剂。
- 没有证明石膏质量与石灰石基技术的相当。

主要供应商

Dravo   Radian

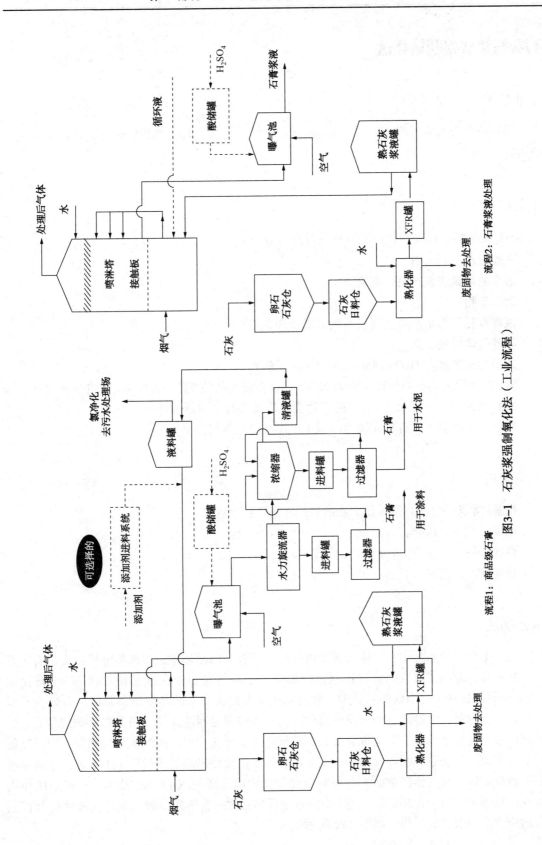

图3-1 石灰浆强制氧化法（工业流程）

石灰石浆液强制氧化法

工业技术

采用石灰石浆液吸收 SO_2，沉淀的固体经空气氧化成石膏，然后固体分离洗涤生成商品级石膏。

工艺特点

SO_2 吸收剂：石灰石和亚硫酸钙及石膏的混合物。
主要原料：石灰石。
潜在的可销售副产品：石膏。
固体废物：无。
液体废物：为生产商品级石膏通常需要净化液。
其他气体排放：无。
入口 SO_2 浓度：<1000~4500μg/g（工业运转）。
SO_2 去除能力：典型设计范围为 80%~98%；最大值约 95%（入口 SO_2 浓度最高时）。
NO_x 去除能力：无报道（有意的氧化会阻碍大多数添加剂的作用）。
颗粒物去除能力：有集成能力，但生产商品级石膏时除外。

工业应用

数量/类型：很多。公用和工业锅炉；炼油厂；冶炼厂。
地点：北美；欧洲；远东。
首次试用：20 世纪 80 年代（当代技术）。
目前状态：在用。

工艺描述

在一个典型的系统中，气体接触器由一底部带有一内循环罐的多级喷淋塔组成。石灰石进入循环罐，罐内浆液以高液气比通过喷嘴循环。空气也被喷入罐底使吸收的 SO_2 转化成 SO_3 和石膏沉淀物。在当前的设计中，通过采用水力旋流器来循环洗涤器浆液，石膏会不断被移出洗涤回路。通过此过程大晶体被移除，细骨料则返回洗涤器。虽然在某些情况下石膏被直接送到现场堆成堆，但通常是要么离心分离要么过滤。回收液返回到洗涤器，用于制备石灰石浆液。在化学和配置方面有许多变化。其中比较突出的是千代田 121 工艺，它利用喷射沸腾反应器进行气体接触而不是喷雾塔和采用两段洗涤的 Noell/RC 技术。一些系统使用缓冲添加剂来提高 SO_2 去除率。生产的商品级石膏通常需要洗涤石膏以及净化液体以便控制会污染产品的杂质的累积。如图 3-2 所示。

优点/缺点

优点
- 用低成本石灰石作试剂。
- 可生产商品级石膏。
- 如今重要的设计进步使结垢和堵塞问题最小化。
- 对 SO_2 和颗粒物有集成控制能力。

缺点/局限性
- 虽然建议设计中可允许更高的入口 SO_2 浓度,但一般限值在约 4000μg/g。
- 在入口 SO_2 浓度最高时去除率限至约 97%。
- 商品级石膏通常需要净化液处理系统。

主要供应商

ABB	Kawasaki	Mitsui	Radian（Retrofits）
B&W	Lentjes	Nippon Kokan	Riley
Chiyoda（121 工艺）	Marsulex	Noell/RC	Saarberg-Holter
Deutsche Babcock	Mitsubishi/PureAir	Procedair	Thyssen

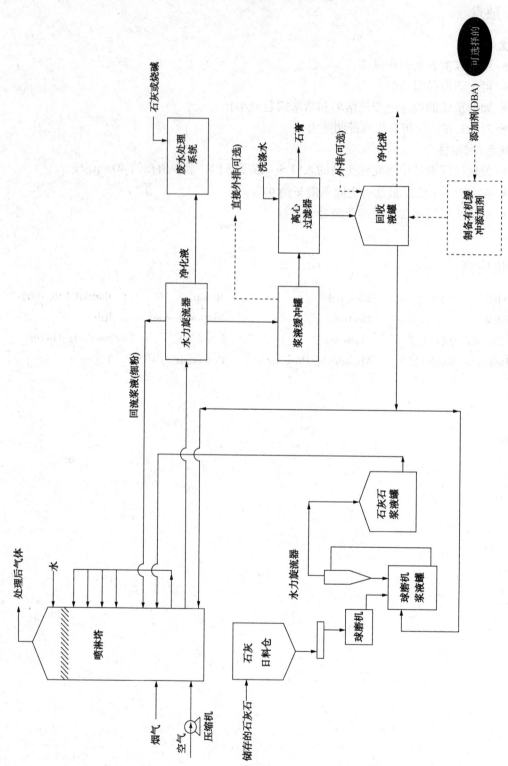

图3-2 石灰石浆液强制氧化法（工业流程）

稀硫酸生产石膏法

工业技术

采用稀硫酸吸收 SO_2，被吸收的 SO_2 用空气氧化，然后酸与石灰石反应生成石膏。

工艺特点

SO_2 吸收剂：稀硫酸。
主要原料：可溶性催化剂组分（如硫酸铁）；处理净化液的石灰或纯碱（如果需要的话）。
潜在的可销售副产品：石膏。
固体废物：处理净化液产生的少量废固物，如果需要的话。
液体废物：使用过的净化液。
其他气体排放：无。
入口 SO_2 浓度：<1000~2000μg/g（工业运转）。
SO_2 去除能力：典型设计范围为 85%~90%；最大值约 95%（入口 SO_2 浓度最高时）。
NO_x 去除能力：无报道。
颗粒物去除能力：需要上游单独进行颗粒物去除。

工业应用

数量/类型：很多。燃油公用锅炉和工业锅炉超过 12 个。
地点：远东（日本）。
首次试用：20 世纪 70 年代。
目前状态：虽然装置仍在使用中但通常处于闲置。

工艺描述

在日本被最广泛应用的是千代田 CT-101 和 102 技术，到 1980 年，已在燃油锅炉上安装了 14 套。两种工艺都采用吸收和氧化塔与内循环罐相结合的方式。烟气在塔的环形部分与稀硫酸溶液（2%~3%）接触以吸收 SO_2。酸溶液被汇集在底部，并由吹入的空气携带着通过一个中央板式塔，在此 SO_2 氧化成 SO_3。部分循环酸被连续抽到一结晶装置中，并在此与石灰石反应生产石膏。石膏通过离心机被分离。回收液首先澄清以除去细粉，细粉再循环到结晶器，澄清液则返回到洗涤器回路。如图 3-3 所示。

优点/缺点

优点
- 基本上消除了洗涤器的结垢和堵塞问题。
- 可生产商品级石膏。

缺点/局限性
- 按当今的标准 SO_2 去除能力通常是低的。
- 高腐蚀性溶液需要合金材料,这比直接的石灰石净化系统要大大提高投资成本。
- 净化液需要处理。

主要供应商

Chiyoda(101 和 102 工艺)　　　　Showa Denko

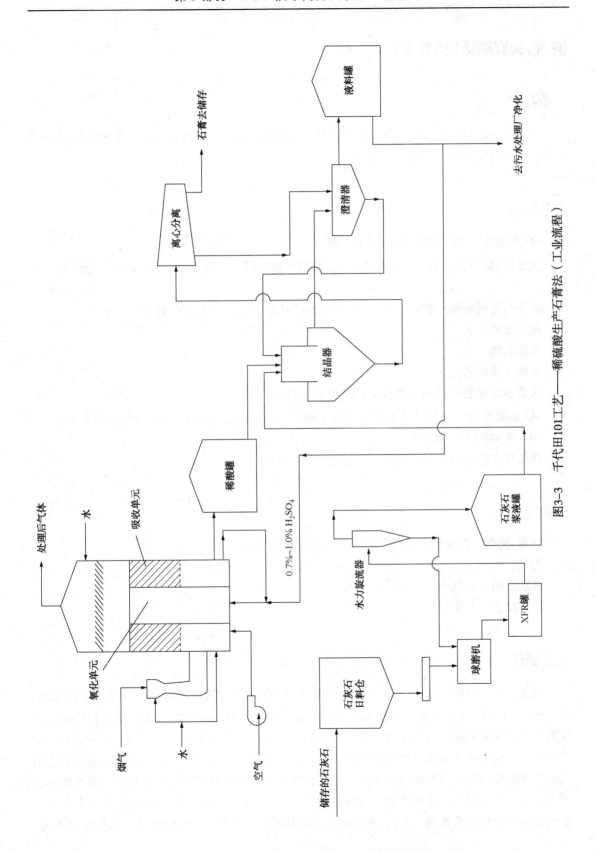

图3-3 千代田101工艺——稀硫酸生产石膏法（工业流程）

钠/石灰双碱法(稀释型)

工业技术

采用亚硫酸钠/亚硫酸氢钠溶液吸收 SO_2，废液氧化，然后与石灰反应来再生吸收剂并生产石膏。再生溶液也可能需要软化。

工艺特点

SO_2 吸收剂：氢氧化钠溶液(含硫酸钠)。
主要原料：石灰(熟石灰或生石灰)；苛性钠或纯碱；二氧化碳(用于软化，如果需要的话)。
潜在的可销售副产品：石膏；(如果进行了软化的话，副产品还有 $CaCO_3$)。
固体废物：无。
液体废物：无。
其他气体排放：无。
入口 SO_2 浓度：<100~12000μg/g(工业运转)。
SO_2 去除能力：典型设计范围为 85%~90%；最大值为 99.9$^+$%(入口 SO_2 浓度最高时)。
NO_x 去除能力：无报道。
颗粒物去除能力：有集成能力，但生产商品级石膏时除外。

工业应用

数量/类型：两家矿石冶炼厂；一台工业锅炉(闲置)。
地点：美国。
首次试用：1975 年。
目前状态：在用。

工艺描述

烟气通常在"喷淋"式洗涤器(如文丘里管)中与氢氧化钠溶液接触，在此 SO_2 被吸收。亚硫酸钠/亚硫酸氢钠废液不断被移出至氧化器，溶液与循环吸收剂溶液在此进行中和，亚硫酸盐氧化成硫酸钠。然后硫酸盐溶液被送到反应器，在此与氢氧化钙接触，形成石膏沉淀并再生了氢氧化钠。石膏采用浓缩和过滤方法分离出去，再生溶液回到洗涤器。由于再生后溶解钙含量相对较高(1500~2000μg/g，以 $CaCO_3$ 计)，所以根据烟气组成和所用洗涤器的类型，在再生溶液回到洗涤器之前有可能需要"软化"。这可通过在单独的软化循环中使用补充纯碱和二氧化碳来实现。石膏(和 $CaCO_3$)固体通常被洗涤以便回收钠盐。依据洗涤程度，钠的补充量从<1%到约3%(占吸收的SO_2量)不等。如图3-4所示。

优点/缺点

优点
- 清洁溶液洗涤使结垢和堵塞问题最小化。
- 对于宽范围的入口SO_2浓度均有高去除率。
- 容许入口SO_2浓度波动范围大。
- 容许大范围吸收剂氧化,达到100%。
- 对SO_2和颗粒物有集成控制能力。

缺点/局限性
- 由于稀释溶液使液流率高从而增加了循环回路的资本成本。
- 采用溶液软化增加了石灰消耗20%~40%,并增加了资本成本和运营成本。
- 在再生回路易产生结垢和堵塞问题。

主要供应商

Arthur D. Little

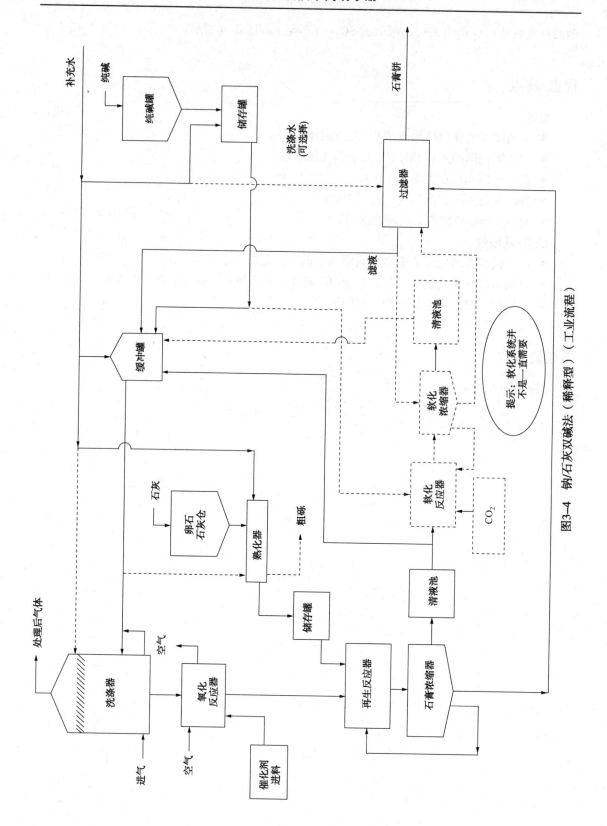

图3-4 钠/石灰双碱法（稀释型）（工业流程）

带有 H_2SO_4 转化的钠/石灰石双碱法

工业技术

在亚硫酸钠/亚硫酸氢钠溶液中吸收 SO_2,废液与石灰石反应再生吸收剂和使亚硫酸钙沉淀,然后在酸性条件下氧化生成石膏。

工艺特点

SO_2 吸收剂:亚硫酸钠和亚硫酸氢钠溶液(含有硫酸钠)。

主要原料:石灰石;苛性钠或纯碱;硫酸。

潜在的可销售副产品:石膏。

固体废物:无。

液体废物:无。

入口 SO_2 浓度:$1000\sim3000\mu g/g$(工业运转)。

其他气体排放:无。

SO_2 去除能力:典型设计范围为 90%~95%;最大值为 99^+%(SO_2 浓度最高时)。

NO_x 去除能力:无报道。

颗粒物去除能力:需要上游单独进行颗粒物去除。

工业应用

数量/类型:几套。公用锅炉和工业锅炉。

地点:远东(日本)。

首次试用:20 世纪 70 年代。

目前状态:不详。

工艺描述

在吸收器中,亚硫酸钠/亚硫酸氢钠/碳酸氢钠溶液与烟气接触并吸收 SO_2。亚硫酸钠/亚硫酸氢钠废液不断被移出至反应器系统,在此与石灰石接触。石灰石沉淀了亚硫酸钙半水化合物(在固态溶液中含有少量的硫酸钙)并再生了吸收剂溶液。沉淀的固体经浓缩被去除,再生的溶液返回洗涤器。一部分稠浆送入转化器/反应器,在此它与硫酸反应生成石膏沉淀从而去除了硫酸盐。其余更稠部分的浆液被过滤。滤饼然后氧化也生产石膏。两个反应器的废水通过离心或过滤脱水生产商品级石膏。如图 3-5 所示。

优点/缺点

优点

- 清洁溶液洗涤使结垢和堵塞问题最小化。
- 对宽范围的入口 SO_2 浓度都有高的去除率。
- 容许入口 SO_2 浓度大范围波动。
- 可生产商品级石膏。
- 容许宽范围吸收剂氧化。
- 采用低成本石灰石。

缺点/局限性

- 相对复杂的工艺配置适度提高了成本。
- 需要使用硫酸这增加了石灰石的消耗。

主要供应商

Kureha-Kawasaki   Showa Denko-Ebara   Tsukishima

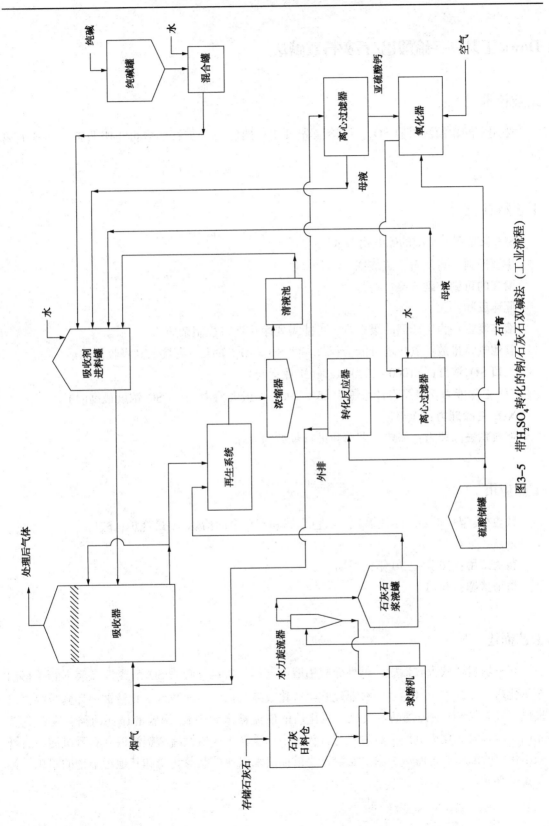

图3-5 带H_2SO_4转化的钠/石灰石双碱法（工业流程）

Dowa 工艺——硫酸铝/石灰石双碱法

工业技术

采用硫酸铝溶液吸收 SO_2，废溶液先氧化，然后与石灰石反应再生吸收剂并生成石膏沉淀。

工艺特点

SO_2 吸收剂：基础的硫酸铝溶液。
主要原料：石灰石；硫酸铝。
潜在的可销售副产品：石膏。
固体废物：无。
液体废物：为生产商品级石膏，可能需要净化液来控制杂质。
其他气体排放：氧化塔可能会释放一些 SO_2/SO_3（如果没有接入到吸收器的话）。
入口 SO_2 浓度：<1000~25000μg/g（工业运转）。
SO_2 去除能力：典型设计范围为 85%~98%；最大值为 98%（SO_2 浓度最高时）。
NO_x 去除能力：无报道。
颗粒物去除能力：需要上游单独进行颗粒物去除。

工业应用

数量/类型：很多。燃油锅炉，黑色金属和有色金属冶炼厂/焙烧炉；酸厂。
地点：远东（日本）。
首次试用：20 世纪 70 年代早期。
目前状态：在用。

工艺描述

在一填料塔式吸收器中，碱性硫酸铝溶液与烟气接触并吸收 SO_2。废洗涤液不断被移出至氧化塔，在此与空气接触并将亚硫酸盐转化成硫酸盐。大多数的氧化液被循环到吸收器以提供有效去除 SO_2 所需的高液气比。氧化后的液流被送到中和/回收的循环回路，在此它首先用于溶解氢氧化铝沉淀。然后它与石灰石中和重新生成碱性硫酸铝溶液和石膏沉淀。石膏采用传统的浓缩和过滤法去除。滤液也要被抽出来以便控制氯化物和其他污染物的累积。如图 3-6 所示。

优点/缺点

优点
- 清洁溶液洗涤使结垢和堵塞问题最小化。
- 对宽范围的入口 SO_2 浓度都有高的去除率。
- 容许入口 SO_2 浓度大范围波动。
- 可生产商品级石膏。
- 容许宽范围吸收剂氧化。

缺点/局限性
- 相对复杂的工艺配置适度提高了成本。

主要供应商

Dowa Mining Co.

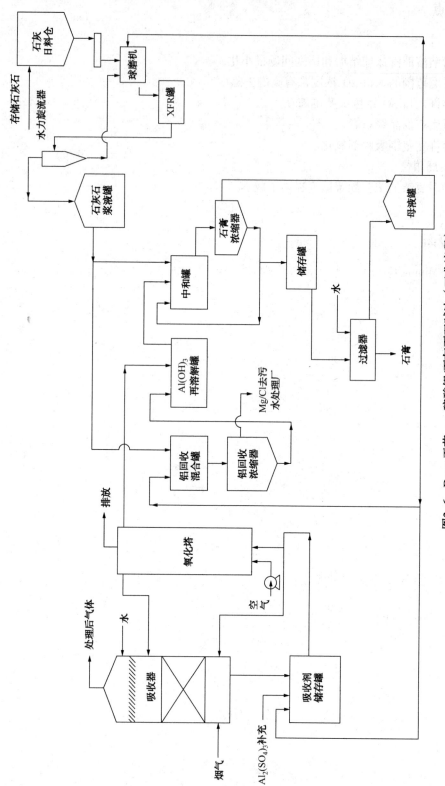

图3-6 Dowa工艺——硫酸铝/石灰石双碱法（工业流程）

Kurabo 工艺——氨/石灰双碱法

工业技术

采用铵盐溶液吸收 SO_2，氧化吸收剂溶液，然后与石灰反应再生吸收剂并形成石膏沉淀。

工艺特点

SO_2 吸收剂：硫酸铵/硫酸氢铵/亚硫酸氢铵溶液。
主要原料：石灰；氨。
潜在的可销售副产品：石膏。
固体废物：无。
液体废物：为生产商品级石膏，可能需要净化液来控制杂质。
其他气体排放：氧化塔可能排放一些 SO_2/SO_3 或氨/硫酸铵（如果没排到吸收器的话）。废气排放中可能有"蓝色烟羽"。
入口 SO_2 浓度：约 1500μg/g（工业运转）。
SO_2 去除能力：典型设计范围为 85%~90%；最大值为 93%（SO_2 浓度最高时）（验证试验）。
NO_x 去除能力：无报道。
颗粒物去除能力：有集成能力，但生产商品级石膏时除外。

工业应用

数量/类型：几套——工业燃油锅炉。
地点：日本。
首次试用：20 世纪 80 年代早期。
目前状态：不详。

工艺描述

烟气与硫酸铵/硫酸氢铵/亚硫酸氢铵溶液相接触，SO_2 被吸收。通过连续循环洗涤器溶液以及采用一种气吹氧化剂将亚硫酸盐转化成硫酸盐的方式，使溶液 pH 值保持在 3~4。这种方法降低了溶液的吸收能力因而需要高液气比。但也抑制了氨蒸汽压力，避免了大多数氨洗涤器的铵盐羽流特性。废洗涤器溶液被送到反应器，在此它与熟石灰接触，生成石膏沉淀并再生氢氧化铵溶液。用传统的浓缩和过滤去除石膏，再生的溶液回到洗涤器。如图 3-7 所示。

优点/缺点

优点
- 清洁溶液洗涤使结垢和堵塞问题最小化。
- 可生产商品级石膏。
- 容许宽范围吸收剂氧化。

缺点/局限性
- 需要采用氨这种要求严格管理的危险化学品。
- 入口 SO_2 浓度高时难以经济地处理。

主要供应商

Kurabo

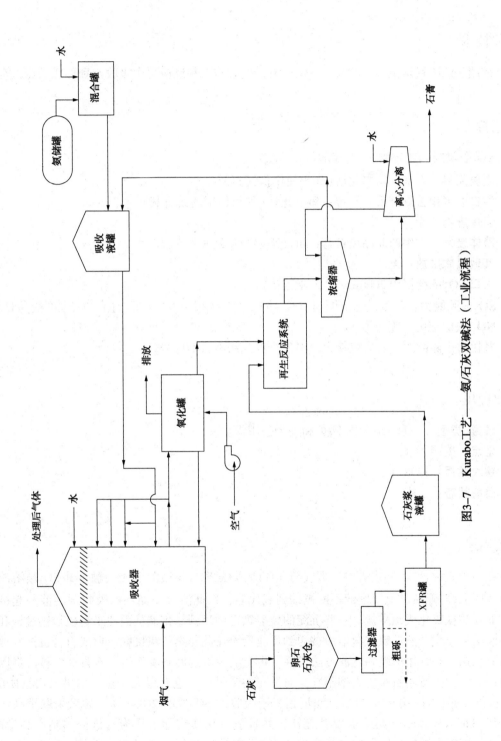

图3-7 Kurabo工艺——氨/石灰双碱法（工业流程）

Thioclear® 工艺——镁溶液/石灰双碱法

工业技术

采用亚硫酸镁溶液吸收 SO_2，氧化废液，然后与石灰反应再生吸收剂和形成石膏沉淀。

工艺特点

SO_2 吸收剂：亚硫酸镁/亚硫酸氢镁溶液。
主要原料：石灰；氢氧化镁（如果使用低镁石灰）。
潜在的可销售副产品：石膏；氢氧化镁（如果使用高镁石灰）。
固体废物：无。
液体废物：为生产商品级石膏，可能需要净化液来控制杂质。
其他气体排放：无。
入口 SO_2 浓度：约 $2000\mu g/g$（工业运转）。
SO_2 去除能力：典型设计范围为 90%~95%；最大值为 97^+%（预计）（SO_2 浓度最高时）。
NO_x 去除能力：无报道。
颗粒物去除能力：有集成能力，但生产商品级石膏时除外。

工业应用

数量/类型：一套工业燃油锅炉和一个公用锅炉。
地点：美国。
首次试用：1998 年。
目前状态：在用。

工艺描述

在一板式或盘式/环式塔中，烟气与亚硫酸镁/亚硫酸氢镁溶液相接触，其 SO_2 被溶液吸收。亚硫酸镁/亚硫酸氢镁废液不断被抽到氧化器，在此溶液与循环的吸收剂溶液一起被中和，亚硫酸盐氧化成硫酸盐。一些沉淀的硫酸钙也循环到氧化器从而使来自硫酸钙过饱和造成的结垢最小化。然后硫酸盐溶液被送到反应器，在此与熟石灰接触，形成石膏沉淀并再生了氢氧化钠。石膏用浓缩和过滤方法去除，再生的溶液返回到洗涤器。石膏通常被洗涤以便回收镁盐。根据所用石灰的类型不同，对补充的镁量需求也有很大变化。如果采用钙质（低Mg）石灰，那么需要添加的氢氧化镁量相当于吸收的 SO_2 量的 2%~3%。如果采取用高镁含量石灰（3%~6% Mg），则不需要补充镁，并且氢氧化镁实际上作为有价值的副产品生产。分离出的溶液也被抽出以便控制氯化物和其他污染物的累积。如图 3-8 所示。

优点/缺点

优点
- 清洁溶液洗涤使结垢和堵塞问题最小化。
- 对宽范围的入口 SO_2 浓度都有高的去除率。
- 可生产商品级石膏。
- 容许宽范围吸收剂氧化。

缺点/局限性
- 相对复杂的工艺配置适度提高了成本。
- 不容许钠基双碱的入口 SO_2 浓度大范围波动。
- 在再生回路易发生结垢和堵塞问题。

主要供应商

Dravo

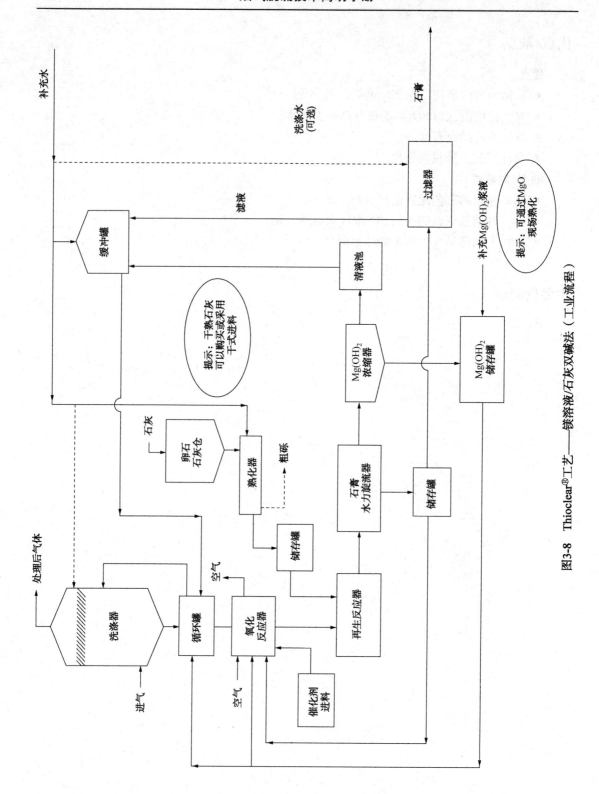

图3-8 Thioclear®工艺——镁溶液/石灰双碱法（工业流程）

Kawasaki 工艺——镁浆液/石灰双碱法

工业技术

采用亚硫酸镁浆液吸收 SO_2，氧化废液，然后与石灰反应再生吸收剂浆液并形成石膏沉淀。

工艺特点

SO_2吸收剂：亚硫酸镁(和钙)/亚硫酸氢镁(和钙)溶液/浆液。
主要原料：石灰；氢氧化镁。
潜在的可销售副产品：石膏。
固体废物：无。
液体废物：为生产商品级石膏，可能需要净化液来控制杂质。
其他气体排放：无。
入口 SO_2 浓度：1500~2000μg/g(工业运转)。
SO_2 去除能力：典型设计范围为 85%~95%；最大值为97%(SO_2浓度最高时)。
NO_x 去除能力：无报道。
颗粒物去除能力：有集成能力，但生产商品级石膏时除外。

工业应用

数量/类型：几套。燃油锅炉。
地点：日本。
首次试用：1975 年。
目前状态：不详。

工艺描述

在一多级喷淋塔中，烟气与亚硫酸镁和亚硫酸钙及氢氧化镁浆液接触，浆液吸收 SO_2 后变成可溶性亚硫酸氢钙及亚硫酸氢镁。废浆液不断被抽到氧化器，在此溶液与空气接触并将所有的亚硫酸盐及亚硫酸氢盐转化成硫酸盐，并导致形成石膏沉淀。由于在低 pH 条件下可能产生一些 SO_2 废气，所以氧化器要再接一吸收器。用传统浓缩和离心分离法从氧化浆液中去除石膏。部分回收液返回到洗涤器。其余的被送到再生罐，在此它与石灰反应，将 $MgSO_4$ 转化成 $Mg(OH)_2$ 并形成额外的石膏沉淀，然后再生的浆液进入洗涤器。如图 3-9 所示。

优点/缺点

优点
- 采用预饱和浆液和低 pH 值操作使洗涤器中结垢可能性最小。
- 可生产商品级石膏。
- 容许宽范围吸收剂氧化。

缺点/局限性
- 由于较低的缓冲能力和较低的 pH 值操作所以不容许钠基双碱的入口 SO_2 浓度大范围波动。

主要供应商

Kawasaki

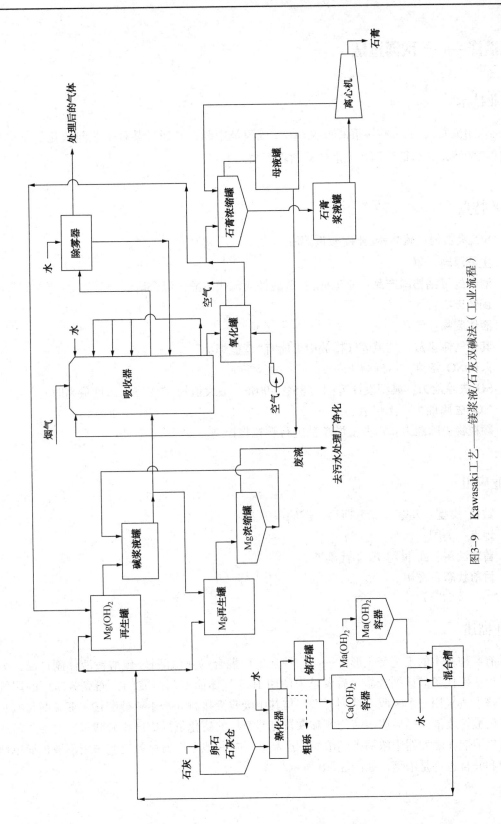

图3-9　Kawasaki工艺——镁浆液/石灰双碱法（工业流程）

氨洗涤——一次通过法

工业技术

采用硫酸铵/亚硫酸铵溶液吸收 SO_2，废液被中和，并通过某种工艺与硫化氢反应形成硫代硫酸铵，然后被浓缩作为液体肥料副产品。

工艺特点

SO_2 吸收剂：硫酸铵/亚硫酸铵溶液。
主要原料：氨。
潜在的可销售副产品：亚硫酸铵/硫酸铵或硫代硫酸铵混合溶液。
固体废物：无。
液体废物：无。
其他气体排放：烟道废气排放中可能有"蓝色烟羽"。
入口 SO_2 浓度：达到约 4000μg/g（工业运转）。
SO_2 去除能力：典型设计范围为 85%~90%；最大值约 97%（SO_2 浓度最高时）。
NO_x 去除能力：无报道。
颗粒物去除能力：需要上游单独进行颗粒物控制。

工业应用

数量/类型：几套。克劳斯厂；燃油锅炉。
地点：美国；远东。
首次试用：20 世纪 70 年代晚期。
目前状态：在用。

工业描述

有两种基本的工艺变化形式——一种是生产混合的亚硫酸铵/硫酸铵液体副产品，另一种是生产硫代硫酸铵副产品。后者是为使用 H_2S 气体而专门研发的，如克劳斯厂的尾气处理。该方法采用三个吸收塔系列，烟气与其中吸收液接触并产生亚硫酸铵、亚硫酸氢铵和少量的硫酸铵废液。然后废溶液与氨和来自克劳斯厂的硫化氢反应产生硫酸氢铵溶液。然后硫酸氢铵溶液在蒸发器中浓缩得到浓缩副产品液。在其他一次通过氨工艺中废溶液被简单地与氨中和并且也许是浓缩。如图 3-10 所示。

优点/缺点

优点
- 可生产肥料副产品。
- 吸收剂耐氧化能力强。
- 有相当高的 SO_2 去除能力。

缺点/局限性
- 液体(混合)肥料可能市场价值有限。
- 潜在的"蓝色烟羽"透明度问题需要非常高的除雾模式或湿 ESP。
- 需要采用氨这种要求严格管理的危险化学品。

主要供应商

供应商	工艺副产品
Coastal Chem	硫代硫酸铵
Tampella	混合的亚硫酸铵/硫酸铵
Ube	混合的亚硫酸铵/硫酸铵

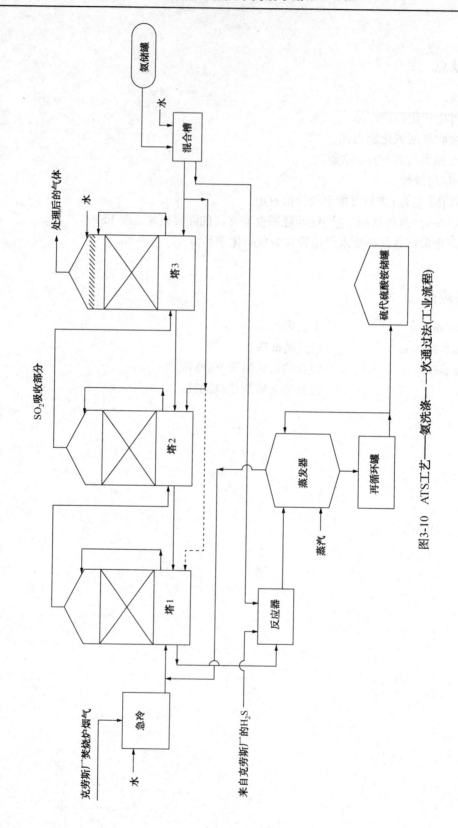

图3-10 ATS工艺——氨洗涤——次通过法(工业流程)

带有氧化的氨洗涤法

工业技术

采用硫酸铵/亚硫酸铵溶液吸收 SO_2，亚硫酸盐被氧化成硫酸盐，硫酸铵以肥料副产品固体或溶液进行回收。

工艺特点

SO_2 吸收剂：氨。
主要原料：氨。
潜在的可销售副产品：硫酸铵肥料(溶液或干的)。
固体废物：无。
液体废物：无。
其他气体排放：烟道废气排放中可能有"蓝色烟羽"。
入口 SO_2 浓度：1200~6000μg/g(工业运转)。
SO_2 去除能力：典型设计范围为 95%；最大值约 98%(SO_2 浓度最高时)。
NO_x 去除能力：无报道。
颗粒物去除能力：为了生产肥料副产品需要上游单独进行干颗粒物控制。

工业应用

数量/类型：很多。主要是燃煤锅炉(只有少数在运转)。
地点：远东；欧洲；美国。
首次试用：20 世纪 80 年代。
目前状态：在用。

工业描述

该工艺有两种基本版本。一种是在吸收器外进行废液氧化；另一种是采用吸收器内原位氧化。因为后者概念最新并且有可能用于新系统开发，所以重点描述。干颗粒物去除后，热烟气进入预洗涤器，在此与硫酸铵饱和浆液接触。水蒸发冷却并饱和气体，生成结晶硫酸铵。由于没有添加氨，所以预洗涤器在低 pH 值下操作，也没有 SO_2 去除。除雾后，气体进入多级、高液气比、逆流喷淋塔，既作为 SO_2 吸收器操作又作为氧化器操作。空气和氨喷入被收集在塔底部的溶液中。空气把亚硫酸盐氧化成硫酸盐，同时用氨来控制 pH 值。吸收器的废液送到预洗涤器。来自预洗涤器的浆液不断移出以便脱水、干燥和制备产品。来自吸收器的气体或者通过高效除雾器排放或者通过湿 ESP 排放，使雾携带(它可能导致"蓝色烟羽"，即透明度)问题最小化。蓝色烟羽已经困扰许多氨洗涤系统，导致大多数都关闭，只有几套例外。有更好的化学控制(尤其是在联合使用高效除雾器或湿 ESP 时)的最新设计改进应该能够解决这样的问题。造粒工艺和结晶工艺可用于肥料级硫酸铵的制备,后者与己内酰胺生产所用工艺类似。如图 3-11 所示。

优点/缺点

优点
- 可生产干硫酸铵肥料。
- 无废固物或液体排放物。
- 在入口 SO_2 浓度高的条件下 SO_2 去除能力强。

缺点/局限性
- 要求上游有颗粒物去除能力。
- 潜在的"蓝色烟羽"透明度问题需要非常高的除雾模式或湿 ESP。
- 需要采用氨这种要求严格管理的危险化学品。

主要供应商

工业化技术供应商

ASS	Marsulex
Ishikawajima-Harima Heavy Industries(IHI)	Lentjes-Sischoff(拥有 Krupp 公司的技术)

市场推广或在研的其他工艺

Benetech	Kruger I. A/S
Drager-Energie-Technik	Thyssen
Hoogovens(Marsulex Licensee)	

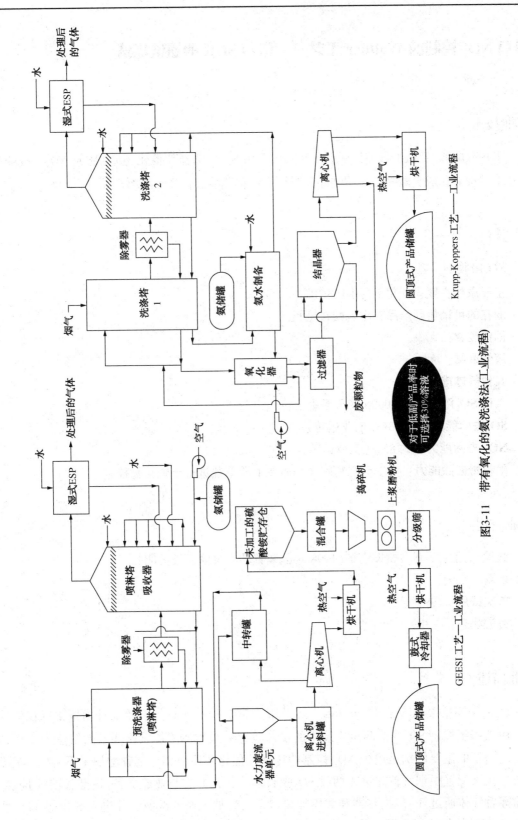

图3-11 带有氧化的氨洗涤法(工业流程)

带有 NO_x 控制的 Walther 工艺——带有 SCR 的氨洗涤法

工业技术

采用硫酸铵/亚硫酸铵溶液吸收 SO_2，然后用 SCR（选择性催化还原）还原 NO_x。废亚硫酸盐溶液被氧化成硫酸盐，采用结晶和干燥方法将硫酸铵作为干肥料产品进行回收。

工艺特点

SO_2 吸收剂：氨。

主要原料：氨；催化剂（用于 SCR）。

潜在的可销售副产品：干硫酸铵肥料。

固体废物：无。

液体废物：无。

其他气体排放：无。

入口 SO_2 浓度：约 $1000\mu g/g$（工业运转）。

SO_2 去除能力：约 93%（工业运转）。

NO_x 去除能力：约 85%（工业运转）。

颗粒物去除能力：为生产肥料副产品需要上游单独进行干颗粒物控制。

工业应用

数量/类型：1 套。燃煤锅炉（1998 年因装置转产气体而被关闭）。

地点：欧洲。

首次试用：1991 年。

目前状态：在用。

工业描述

集成了 NO_x 控制的 Walther 改进工艺被用于德国 Karlsruhe 厂。该设计借鉴了以往的经验，而且用于控制 SO_2 的前两次安装中的设计概念只是类似于带氧化技术的氨法中所描述的工艺。新的主要区别是用于 NO_x 控制的选择性催化还原（SCR）装置增加了下游的 SO_2 吸收器。在该配置中烟气首先进入两段 SO_2 吸收系统，在此它与亚硫酸铵/硫酸铵溶液接触。在除雾后气体通过气-气换热器和载体加热器，之后加入额外的氨，并进入 SCR 装置。然后来自 SCR 的气体用来预热排放前送入的气体。在 Karlsruhe 厂，采用湿 ESP 来确保消除与硫酸铵颗粒相关的蓝色烟羽。废洗涤器溶液采用通空气法将亚硫酸盐氧化成硫酸盐，之后被送去结晶、脱水、干燥和产品制备。在气体处理系列中，氨 SO_2 吸收器后面再组合 SCR 的方式可控制吸收器的氨逸出，进而缓解潜在的不透明("蓝色烟羽")问题。如图 3-12 所示。

优点/缺点

优点
- 可生产干硫酸铵肥料。
- 无废固物或液体排放物。
- 在入口 SO_2 浓度高时 SO_2 去除能力强。
- 通过后洗涤 SCR 使形成"蓝色烟羽"的可能性最小化。

缺点/局限性
- 要求上游有颗粒物去除能力。
- 需要采用氨这种要求严格管理的危险化学品。

主要供应商

Lentjes-Bischoff——Lentjes-Bischoff 公司通过收购 Krupp 公司现在拥有 Walther 技术

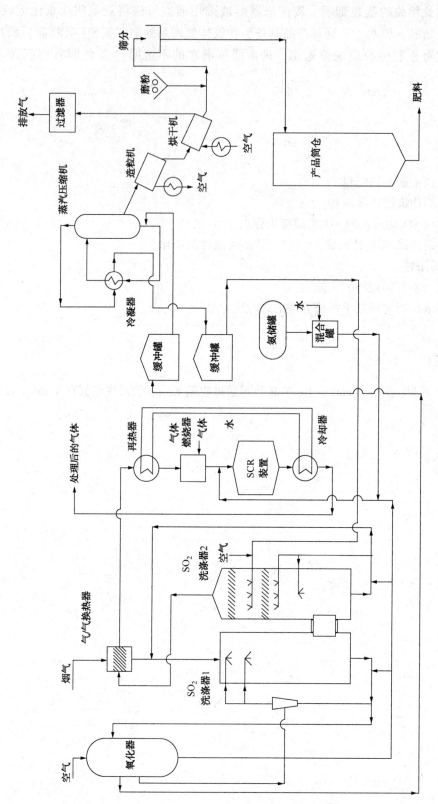

图3-12 带有NO_x控制的Walther工艺——带有SCR的氨洗涤法(工业流程)

电子束照射法

工业技术

烟气与氨混合,然后暴露于高能通量电子中,SO_x和NO_x转化成硫酸铵和硝酸铵颗粒并被收集到ESP或织物过滤器中,可作为肥料出售。

工艺特点

SO_2吸收剂:氨。
主要原料:氨。
潜在的可销售副产品:硫酸铵和硝酸铵肥料混合物。
固体废物:无。
液体废物:无。
其他气体排放:无。
入口SO_2浓度:1200~2500μg/g(验证试验和工业运转)。
SO_2去除能力:典型设计范围为80%~95%;最大值约95%(SO_2浓度最高时)。
NO_x去除能力:>80%(典型数据是40%~80%)。
颗粒物去除能力:为生产肥料副产品需要上游单独进行干颗粒物控制。

工业应用

数量/类型:两套。燃煤锅炉(一套运转,一套在建)。
地点:中国。
首次试用:1997年。
目前状态:在用。

工业描述

追溯到20世纪70年代初几个工艺一直在开发,主要是在日本研究得到支持。工艺主要区别在于方式,其气体暴露在高能通量中。20多年来Ebara E-Beam®工艺一直得到广泛发展,是唯一一个达到工业化的。在Ebara工艺中,烟气首先被部分饱和并用水冷却到(65.6℃±5.6℃)(150℉±10℉)温度。然后它与氨混合并传送到反应器,在此它经受高能电子束。SO_2和NO_x被氧化成硫酸铵和硝酸铵颗粒。然后颗粒物被收集在下游的ESP或织物过滤器中,并被转移到存储筒仓。它可以作为肥料直接销售或首先造粒。SO_2和NO_x的去除程度可以用电力来调节。在用于中国高硫燃煤的第一次工业应用中,其SO_2去除率有限达到80%,NO_x去除率达到40%~50%,"失调"电力达到总发电机容量的约1.5%。用于高硫煤时增加电力达到蒸汽发电机容量的约2%则SO_2去除率增加到约90%,NO_x去除率达到60%~70%。如图3-13所示。

优点/缺点

优点
- 可直接生产肥料增补剂。
- NO_x转化为有用副产品而不是氮。
- 无废固物或液体排放物并且无浆液要处理。
- 烟道废气不需要再加热。

缺点/局限性
- 如果副产品作为肥料可以接受的话,那么上游颗粒物去除必须减少重金属含量。
- 能耗相对高。
- 需要采用氨这种要求严格管理的危险化学品。

主要供应商/开发商

工业化工艺
Ebara(E-Beam)

研发工艺
ENEL(Pulse Energization 电脉冲法)
Karlsruhe(Electron Streaming 电流法)

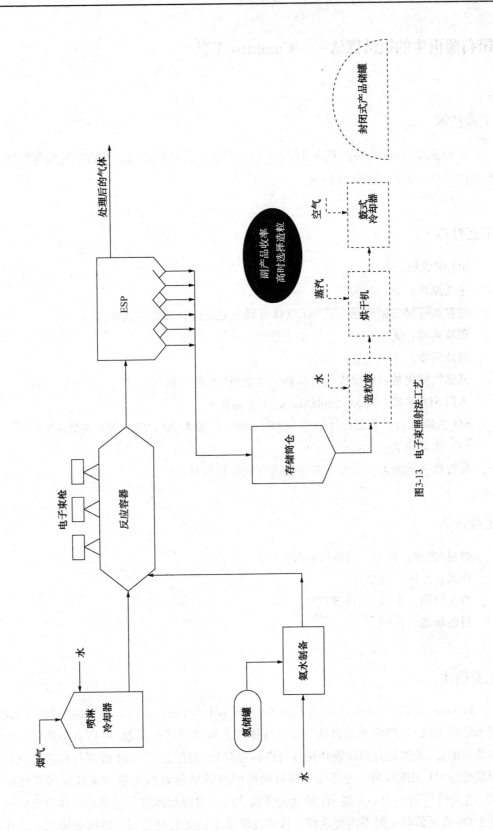

图3-13 电子束照射法工艺

带有酸再生的氨洗涤法——Cominco 工艺

工业技术

采用硫酸铵/亚硫酸铵溶液吸收 SO_2 后，溶液进行硫酸酸化，然后空气汽提释放出 SO_2 转化成酸并生产副产品硫酸铵溶液。

工艺特点

SO_2 吸收剂：氨。
主要原料：氨；硫酸。
潜在的可销售副产品：富 SO_2 气体可转化成硫酸；硫酸铵溶液。
固体废物：无。
液体废物：无。
其他气体排放：烟道废气排放物中可能有"蓝色烟羽"。
入口 SO_2 浓度：7000~55000μg/g（工业运转）。
SO_2 去除能力：典型设计范围为 85%~95%；最大值约 97%（SO_2 浓度最高时）。
NO_x 去除能力：无报道。
颗粒物去除能力：需要上游单独进行颗粒物控制。

工业应用

数量/类型：几套。冶炼厂；酸生产厂。
地点：美国；加拿大。
首次试用：20 世纪 40 年代。
目前状态：在用。

工业描述

Cominco 工艺于 20 世纪 40 年代开发，专门用于冶炼厂和酸厂尾气的治理。因此一直被用于处理入口 SO_2 浓度非常高的气体。气体在多级填料塔中接触（在所有早期装置中都采用木条装填）。液体被分别收集并通过每段再循环以保持适当的 pH 值控制和逆流操作从而达到最优的 SO_2 去除效果。也必须控制好吸收温度既能使氨损失最少又能保持良好的吸收平衡。在冶炼厂的应用中，高 SO_2 浓度需要吸收液通过冷却器进行再循环以移除反应热。浓度在 1.0% 或更低时一般不需要这样。从吸收器排出的废液被送到一组间歇罐之一，在此先用

93%H_2SO_4酸化，溶液被转化成硫酸氢铵，然后释放的SO_2用氨中和。现在饱和了SO_2的中和溶液再经过一空气汽提塔汽提，既可得到可做为酸厂进料的富SO_2空气物流和40%的硫酸铵溶液。如图3-14所示。

优点/缺点

优点
- 可生产用于转化成硫酸的富SO_2气体和副产品硫酸铵溶液。
- 无废固物。
- 在入口SO_2浓度高时SO_2去除能力较强。

缺点/局限性
- 要求上游有颗粒物去除能力。
- 潜在的"蓝色烟羽"透明度问题需要非常高的雾清除或湿ESP。
- 需要采用氨这种要求严格管理的危险化学品。

主要供应商

Cominco

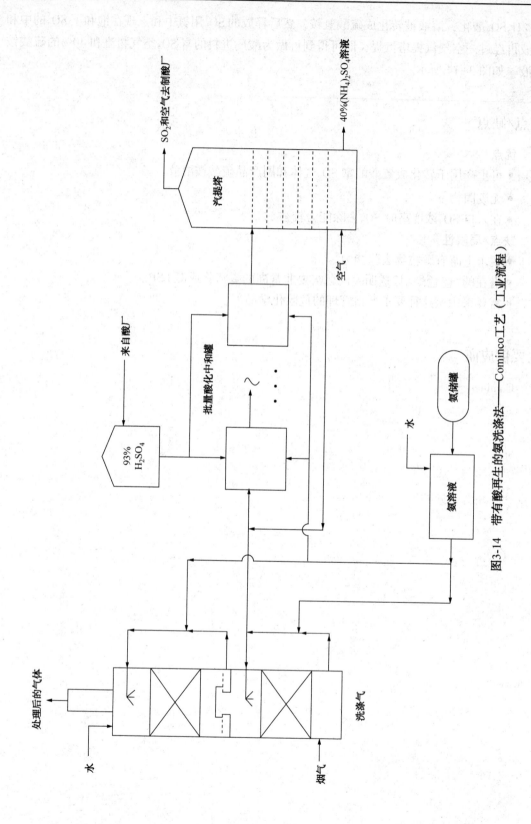

图3-14 带有酸再生的氨洗涤法——Cominco工艺（工业流程）

氧化镁回收工艺

工业技术

氢氧化镁浆液吸收 SO_2 生成亚硫酸镁/亚硫酸氢镁，然后在还原条件下进行热再生，得到最适于转化为硫酸的 SO_2 干气。

工艺特点

SO_2 吸收剂：氢氧化镁/亚硫酸镁浆液。

主要原料：氢氧化镁；用于热再生器的燃气/燃油。

潜在的可销售副产品：最适于转化成硫酸的富 SO_2 气体。

固体废物：无。

液体废物：无。

其他气体排放：热再生器燃烧废气。

入口 SO_2 浓度：1000~2500μg/g（工业运转）。

SO_2 去除能力：90%~95%（工业运转）。

NO_x 去除能力：无报道。

颗粒物去除能力：通常需要上游单独进行干颗粒物控制。

工业应用

数量/类型：几套。公用燃煤和燃油锅炉。

地点：美国；欧洲；日本。

首次试用：20世纪70年代中期（当前设计概念）。

目前状态：在用（但没积极市场推广）。

工业描述

烟气首先被预洗以便去除可能污染吸收回路的杂质（如氯化物）和残余颗粒物。然后经冷却和润湿后的气体与氢氧化镁和亚硫酸镁固体的浆液（在亚硫酸镁/亚硫酸氢镁/硫酸镁缓冲溶液中）接触吸收 SO_2。（注：镁盐比同等的钙盐更可溶）。用新鲜的和再生的氢氧化镁混合物不断补充洗涤浆液。废浆液不断被排出。对排出的浆液进行脱水和干燥。此处，洗涤和再生两系统之间可以完全分开。固体通常被存储在废固体筒仓以保证再生循环的半独立控制性。固体从废吸收剂筒仓被运送到再生系统，在此固体与煤炭、焦炭、燃料油或天然气一起焙烧。热再生通常采用流化床。再生期间释放 SO_2，再生出氧化镁。在还原条件下，也会释放 SO_2，再生出硫酸镁。富 SO_2 气体通常浓度为 7%~10%——适于转化成硫酸，而太稀时可用于经济地回收硫。来自焙烧炉的再生吸收剂返回到洗涤系统。需要有一熟化系统对再生的吸收剂在进入洗涤器之前进行熟化。如图 3-15 所示。

优点/缺点

优点
- 产生可生成硫酸的富 SO_2 气副产品。
- 无明显的废固物或液体排放物。
- 洗涤和再生/酸生产可以有效地分开操作。
- 耐吸收剂氧化能力强（SO_2 浓度范围宽）。

缺点/局限性
- 包含固体迁移的工艺配置相对复杂。
- 可能吸收剂消耗损失高。
- 与单质硫相比工艺更倾向酸生产。
- 缺乏最新的应用可能限制了技术发展。

主要供应商/开发商

Drager-Energie-Technik   Mitsui （United Engineers&Constructors）/PECO
Lentjes-Bischoff(Bischoff)   Onahama-Tsukishima
Marsulex   Raytheon Engineers

第 3 部分 FGD 技术简介回收法工艺技术

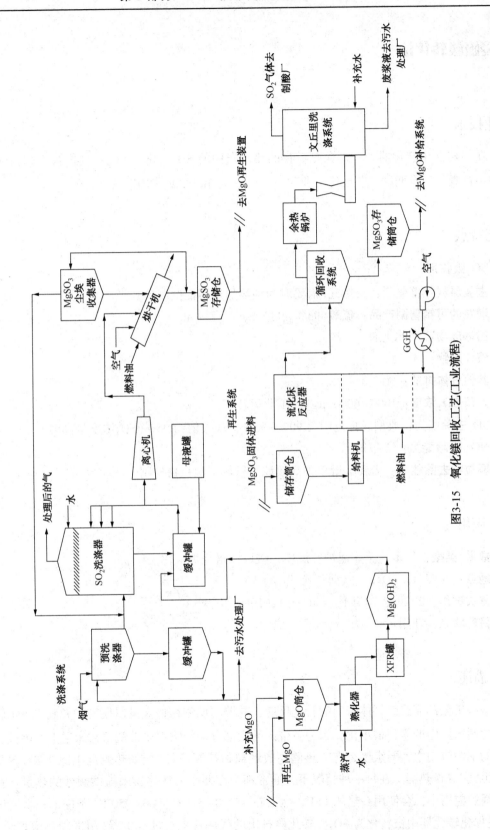

图3-15 氧化镁回收工艺(工业流程)

直接硫酸转化法

工业技术

在气相催化转化器中,不含颗粒物的热烟气中的 SO_2 氧化成 SO_3。气体被冷却,SO_3 在硫酸中被吸收。有两种工艺已经工业化——Cat-Ox 和 WSA(SNOX 前身)。

工艺特点

SO_2 吸收剂:硫酸。
主要原料:催化剂;天然气(需要时为预热加热器提供燃料)。
潜在的可销售副产品:硫酸(93%~98%)。
固体废物:废催化剂。
液体废物:无。
其他气体排放:无。
入口 SO_2 浓度:1000~60000μg/g(工业运转)。
SO_2 去除能力:典型设计范围为 90%~95%;最大值约 95%(SO_2 浓度最高时)。
NO_x 去除能力:无报道。
颗粒物去除能力:需要上游单独高效地进行热干颗粒物控制。

工业应用

数量/类型:很多。工业锅炉;炼厂;酸厂;焙烧炉;化工厂。
地点:北美(Cat-Ox);欧洲和亚洲(WSA)。
首次试用:20 世纪 70 年代(Cat-Ox);1980 年(WSA)。
目前状态:在用。

工业描述

这些工艺都需要热气体来影响转化反应,并要求低颗粒物含量以使得颗粒物在 SO_2 转化器催化剂床层中的累积最小化,因为被带入的大部分颗粒物都要被截留在床层上。因此,在典型的锅炉应用中,要求要么有一热侧高效颗粒物控制设备(例如热侧静电除尘器),要么有再生气-气换热器。在每一种情况下,通常都会需要燃气加热器来提供额外的热量。在典型的锅炉应用中,会使用一热侧 ESP,然后在 456.8~510℃(900~950℉)条件下,烟气中的 SO_2 在催化转化器中被转化为 SO_3。转化器排出的气体首先经过省煤器(用来加热锅炉给水)

被冷却到 232.2℃(450℉)，然后再去再生换热器(去加热助燃空气)。冷却温度限值将保持在酸的露点以上，从而限制了对允许使用的昂贵建材的腐蚀(在早期测试和第一台锅炉应用中腐蚀是一个主要的问题)。然后气体进入接触器，在此 SO_3 被冷的循环硫酸吸收。硫酸从循环物流中被不断排出并在储存之前进一步冷却。如图 3-16 所示。

优点/缺点

优点
- 可直接生产硫酸。
- 生产 SO_2 浓度在约 3000μg/g 以上的净蒸汽。
- 在入口 SO_2 浓度高时 ESP 能耗低。
- 低颗粒物排放(可能会被上游的高效收集和 SO_2 转化器催化剂床层的更换成本相抵消)。

缺点/局限性
- 硫酸浓度(90%~95%)相对低并且潜在的一些污染物(如氯化物)可能限制酸的用途。
- 由于颗粒物堵塞可能需要的 SO_2 转化器催化剂更换成本高。
- 腐蚀程度高困扰了早期应用的 Cat-Ox 系统并抑制了对该工艺的热情。

主要供应商

Haldor Topsoe(WSA 和 SNOX 工艺)
Monsanto EnviroChem(Cat-Ox 工艺)

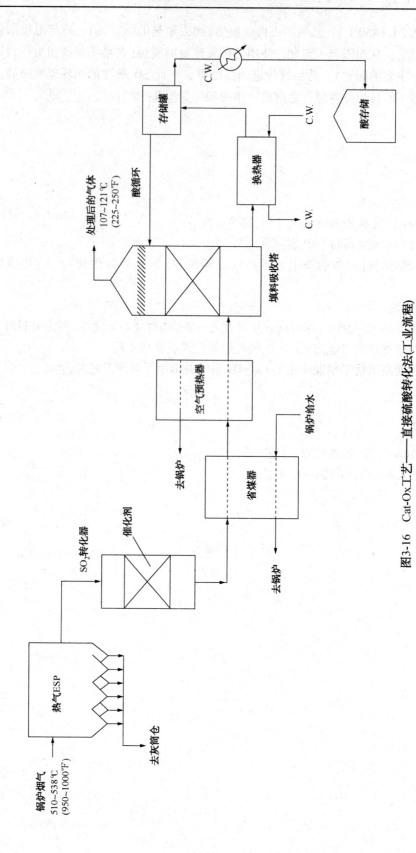

图3-16 Cat-Ox工艺——直接硫酸转化法(工业流程)

带有 NO_x 控制的直接硫酸转化法

工业技术

与直接硫酸(如 WSA)工艺相同,但带有选择性催化还原的集成 NO_x 控制。

工艺特点

SO_2 吸收剂:硫酸。
主要原料:氨(用于 NO_x 还原);催化剂(SCR 和酸转化);天然气(根据需要,用于加热器的燃料)。
潜在的可销售副产品:硫酸(93%~95%)。
固体废物:废催化剂。
液体废物:无。
其他气体排放:无。
入口 SO_2 浓度:600~55000μg/g(工业运转)。
SO_2 去除能力:典型设计范围约 95%;最大值约 98%(SO_2 浓度最高时)。
NO_x 去除能力:90%~95%。
颗粒物去除能力:需要上游单独高效地进行干颗粒物控制。

工业应用

数量/类型:几套。公用和工业锅炉;化工厂。
地点:欧洲;美国;亚洲。
首次试用:1987 年(SNOX);1988 年(DESONOX)。
目前状态:在用。

工业描述

采用 SO_2 和 NO_x 集成控制的可直接生产硫酸的两种类似工艺已经工业化。这些工艺都需要热气体来影响转化反应,并要求气体中颗粒物含量低以使得颗粒物在 SO_2 转化器催化剂床层中的累积最小化,因为被带入的大部分颗粒物都要被截留在床层上。在典型的锅炉应用中,烟气首先经过高效颗粒物控制设备(如织物过滤器),然后由补充的蓄热式换热器加热,如有需要的话。由燃气加热器将气体温度提高到约 371~427℃(700~800℉)。气体中通入空气和氨的混合物,并通过选择性催化还原(SCR)反应器,在此 90%~95% 的 NO_x 被除去。离开 SCR 后,气体被加热到 371℃(770℉)并通过催化转化器使 SO_2 转为 SO_3,转化器出来的气体经蓄热式换热器再将进入 SCR 前的烟气加热。这样,SO_3-负载气在进入成膜硫酸冷凝器前可冷却到约 149℃(300℉),并在冷凝器中与环境空气进一步冷却到约 93.3℃(200℉)。

酸凝结在耐腐蚀的(如硼硅酸盐)管上,被收集、冷却、达到条件并存储。来自冷凝器约 93.3℃(400℉)的热空气用作助燃空气。如图 3-17 所示。

优点/缺点

优点
- 可直接生产硫酸。
- NO_x 和 SO_x 同时控制。
- 生产 SO_2 浓度在约 2500μg/g 以上的净蒸汽。
- 在入口 SO_2 浓度高时 ESP 能耗低。
- 从去除 SO_2 转换器中 NH_3 的能力看比 SCR 单独使用时 NO_x 去除更高。

缺点/局限性
- 硫酸浓度(93%~95%)有些低以及潜在的一些污染物(如氯化物)可能限制酸的使用。
- 由于颗粒物堵塞可能需要的 SO_2 转化器催化剂更换成本高。
- 需要采用氨这种要求严格管理的危险化学品。

主要供应商

Haldor Topsoe(SNOX 工艺)

Degussa/Lentjes/Lurgi(DESONOX)

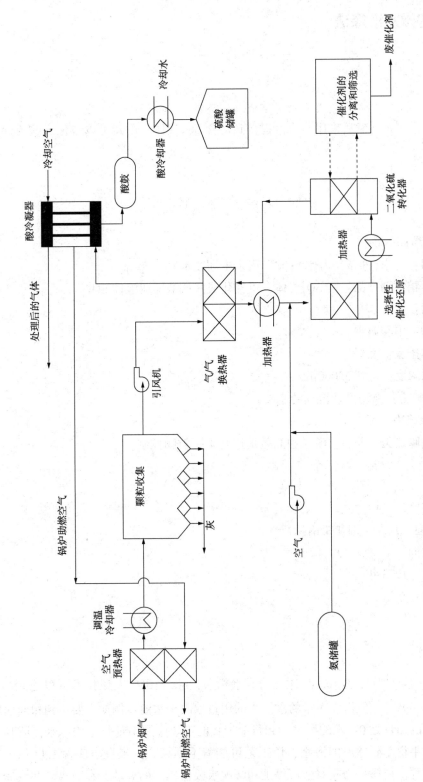

图3-17 SNOX工艺——带有NO_x控制的直接硫酸转化法(工业流程)

带热汽提的冷水洗涤法

工业技术

用冷水吸收 SO_2，然后采用蒸汽汽提得到富含 SO_2 气体，用其可以转化成酸或冷凝成液态 SO_2 出售。

工艺特点

SO_2 吸收剂：水。
主要原料：冷水（通常是海水）；碱（用来中和废水）。
潜在的可销售副产品：富 SO_2 气体，可转化成酸或浓缩成液体 SO_2。
固体废物：无。
液体废物：中和温水。
其他气体排放：无。
入口 SO_2 浓度：达到 55000μg/g。
SO_2 去除能力：典型设计范围约 99%。
NO_x 去除能力：无。
颗粒物去除能力：需要上游单独高效地进行干颗粒物控制。

工业应用

数量/类型：几套。铜和铅冶炼厂。
地点：欧洲。
首次试用：1973 年。
目前状态：在用。

工业描述

气体从吸收塔的底部进入，与逆流的冷水相遇，SO_2 被吸收。该技术可以达到高 SO_2 去除率（为 98%~99%），但需要大量的水。水的用量取决于水温。例如，要达到相同程度的去除率，20℃水的用量是 0℃水的两倍。到目前为止的工业应用中都是采用海水，因其易得并且温度低。如果得不到冰凉的海水，该工艺可能就不划算了。来自塔底含 1.0%±0.2% SO_2 的酸性水被送到汽提塔。为应对酸厂停工和缓解吸收器操作的波动，在吸收器和汽提塔之间设置有缓冲罐。汽提塔的进料液首先在换热段被汽提塔的脱气热水预热，然后用蒸汽调整加热到 60℃。汽提塔的顶部设计成冷却塔用来凝结水蒸气。为此，有大约 15% 的吸收塔出料会绕过换热器系统被直接送到塔顶。来自汽提塔的富含 SO_2 气体可能要么被送到酸厂要么转化成液态 SO_2。当用于生产液态 SO_2 时气体通过两级硫酸干燥塔，再进预冷却器，SO_2 被冷凝。如图 3-18 所示。

优点/缺点

优点
- 生产可用于转化成酸或液态 SO_2 的富含 SO_2 气体。
- 无废固物。
- 无浆液或结垢/堵塞问题。
- SO_2 去除能力强。

缺点/局限性
- 需要大量的冷水，这通常意味着只有在易得到海水的北方地区可以采用。
- 废水排放可能会遇到环境限制。
- 经济性通常决定了酸用途的局限性或只能在当地使用。
- 处理低浓度气体可能不划算。

主要供应商

Boliden

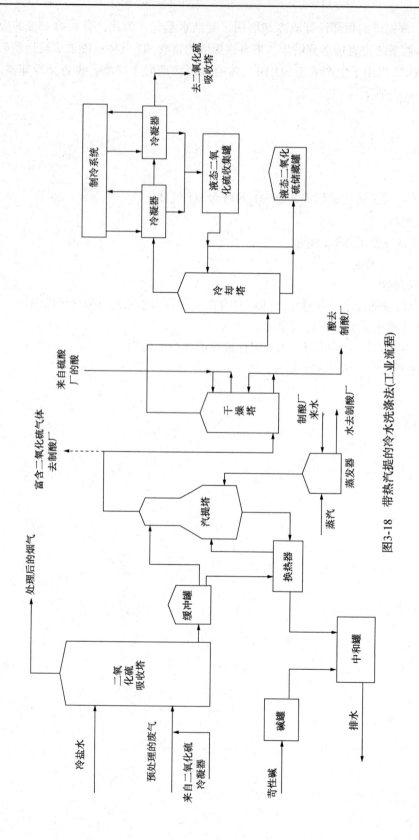

图3-18 带热汽提的冷水洗涤法(工业流程)

Wellman Lord 工艺

工业技术

采用亚硫酸钠/亚硫酸氢钠溶液吸收 SO_2，溶液经热汽提得到可进一步加工的富含 SO_2 气体，同时吸收剂再生。

工艺特点

SO_2 吸收剂：亚硫酸钠/亚硫酸氢钠溶液。
主要原料：苛性钠或纯碱；石灰（用于处理预洗涤装置排污）。
潜在的可销售副产品：富 SO_2 气体（可转化成硫酸或硫）；硫酸钠。
固体废物：来自预洗涤装置排污处理的废物。
液体废物：控制可溶性杂质累积所需要的净化液。
其他气体排放：无。
入口 SO_2 浓度：1200~6000μg/g（工业运转）。
SO_2 去除能力：典型设计范围为 90%~95%；最大值为 99$^+$%（SO_2 浓度最高时）。
NO_x 去除能力：无报道。
颗粒物去除能力：要求上游单独进行颗粒物控制。

工业应用

数量/类型：很多。公用和工业锅炉；炼厂；酸厂。
地点：美国；欧洲；亚洲。
首次试用：20 世纪 70 年代。
目前状态：没有市场推广。

工业描述

烟气首先通过预洗涤器去除颗粒物和可溶性杂质，杂质通过预洗涤器排污处理系统后被排放。润湿的气体然后在高效吸收器（通常是盘式塔）中与亚硫酸钠和亚硫酸氢钠溶液接触吸收 SO_2。大部分废吸收液被送到一系列多效蒸发器/结晶器中，在此形成 SO_2 和亚硫酸钠结晶。结晶的亚硫酸盐在冷凝物中溶解并返回到吸收器。排出的废吸收剂被送到净化结晶器以便去除 SO_2 氧化形成的硫酸钠。为控制杂质（如氯化物）的累积生成，也有少量净化流从系统排出。如图 3-19 所示。

优点/缺点

优点
- 清洁溶液洗涤可使吸收器结垢最少。
- 适用于宽范围的入口 SO_2 浓度。
- 生产可进一步加工的富含 SO_2 气体。
- 该技术具有雄厚的技术基础。

缺点/局限性
- 在再生和回收回路中的高腐蚀性需要昂贵的材料。
- 蒸发器结垢/堵塞问题增强了对维护的要求。
- 需要净化液来控制杂质。
- 工艺配置相对复杂。
- 吸收剂再生对蒸汽要求相对高。
- 缺乏最新的应用可能限制了技术发展。

主要供应商

Kvaerner Process Technologies

Lurgi(Kvaerner Licensee)

第3部分 FGD技术简介回收法工艺技术

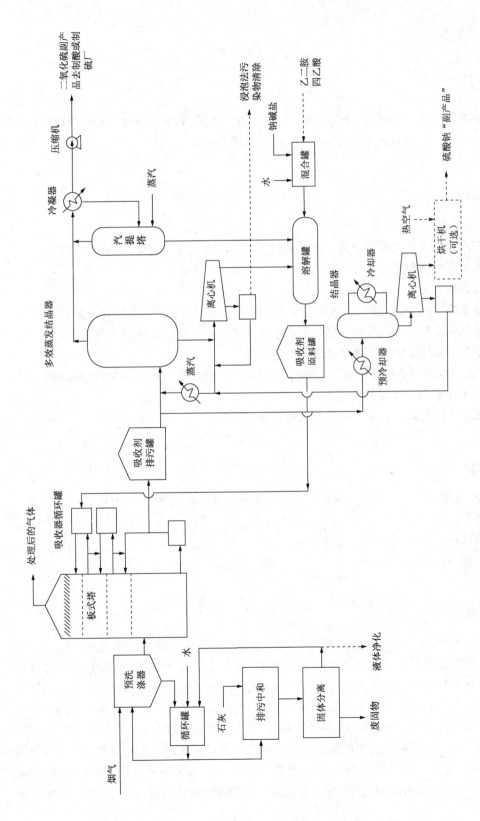

图3-19 Wellman Lord工艺(工业流程)

Solinox 工艺

工业技术

该技术基于传统的吸收/解吸循环方法，利用有机醚来吸收 SO_2，吸收剂在间接加热的汽提塔中再生，并将形成的富含 SO_2 气体转化成硫或者酸。

工艺特点

SO_2 吸收剂：四乙二醇二甲基乙醚。
主要原料：四乙二醇二甲基乙醚补充组分；用于预洗涤装置排污处理的石灰。
潜在的可销售副产品：可转化成硫酸或硫的富 SO_2 气体。
固体废物：无。
液体废物：预处理后的预洗涤装置排污液（净化液用来控制溶剂中杂质累积）。
其他气体排放：来自吸收器回收溶剂的水中可能有一些少量的溶剂释放。
入口 SO_2 浓度：5000～20000μg/g（工业运转）。
SO_2 去除能力：典型设计范围为 90%～95%；最大值为 99^+%（SO_2 浓度最高时）。
NO_x 去除能力：无报道。
颗粒物去除能力：要求上游单独进行颗粒物控制。

工业应用

数量/类型：很多。燃化石燃料的锅炉；矿石冶炼厂；纸浆厂；冶炼厂。
地点：欧洲。
首次试用：20 世纪 70 年代后期。
目前状态：在用。

工业描述

烟气首先是在气-气换热段用处理过的气体冷却，然后经预洗涤器水洗，既去除了残余颗粒物和可能污染吸收剂的可溶性杂质，又进一步冷却了气体使溶剂挥发最少。经过预冷并润湿的气体然后在逆流多级吸收器中与四乙二醇二甲基乙醚接触，物理吸收 SO_2，然后处理过的气体在被送去与入口烟气进行预冷换热前经过几段水洗来回收所有被蒸发的吸收剂。废溶剂被送到带有蒸汽再沸器的传统汽提塔中。来自汽提塔的富含 SO_2 气体被冷却下来凝结成水和溶剂，使气体在转化为单质硫或硫酸之前浓缩并且回收被蒸发的溶剂。再生溶剂返回到 SO_2 吸收器。这个工艺也能去除易溶于溶剂的烃，如苯。这些可以在额外的分离步骤中从 SO_2 副产品中去除或者随 SO_2 副产品一起在进一步处理时通过氧化去除。如图 3-20 所示。

优点/缺点

优点
- 生产液态或气态 SO_2 副产品。
- 能去除烟气中的烃。
- 在溶剂处理回路中不可能结垢。
- 与化学吸收工艺相比，物理吸收工艺的抗入口 SO_2 浓度波动能力强。

缺点/局限性
- 资本投资相对较高。
- 有产自预洗涤器的净化液，以及要控制杂质累积。
- 可能有溶剂挥发气。

主要供应商

Linde A. G.

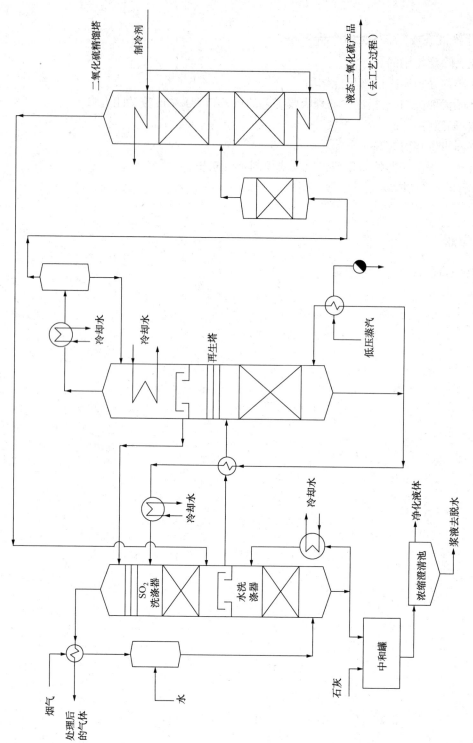

图3-20 SOLINOX工艺——带有热再生的有机溶剂法(工业流程)

带有热再生的胺溶液吸收法

工业/研发技术

采用胺溶液吸收 SO_2，然后通常用蒸汽从溶液中汽提出 SO_2，有时借助酸化，然后转化成酸或硫。

工艺特点

SO_2 吸收剂：美国熔炼公司(二甲基苯胺)、陶氏 & 联合碳化物公司(专利产品)、孟山都(乙醇胺戊二酸)、鲁奇(二甲基苯胺和甲苯胺水溶液)。

主要原料：石灰或烧碱(预洗涤装置排污处理)；胺组分；硫酸(ASARCO)。

潜在的可销售副产品：富 SO_2 气体，可转化成酸或硫。

固体废物：预洗涤排放废物。

液体废物：净化液，防止可溶性杂质累积。

其他气体排放：可能有少量胺损失到烟道废气中(在当前工艺中，使用的胺被列为非危险品类中)。

入口 SO_2 浓度：3%~8%——ASARCO 和 Lurgi(工业运转)；1000~50000μg/g—Dow 和 Union Carbide(试验测试)。

SO_2 去除能力：典型设计范围为 90%；最大值为 98^+%(SO_2 浓度最高时)。

NO_x 去除能力：无报道(但正在为最新工艺研发 NO_x 吸收剂)。

颗粒物去除能力：要求上游单独进行颗粒物控制。

工业应用

数量/类型：很多。冶金厂(闲置)。

地点：ASARCO——全球大约 10 套(全部关闭)；Lurgi——几套，主要在欧洲(全部关闭)。

首次试用：20 世纪 40 年代。

目前状态：闲置—都处于闲置但可进行授权或联合开发。

工业描述

胺洗涤工艺有 4 个基本步骤。烟气首先经水预洗涤器以便去除可能污染吸收剂溶液的杂质(灰尘、氯化物、SO_3 等)。润湿的气体通过带级间收集器和循环的多级吸收塔(通常是盘式塔)。废溶液被送到再生回路,在此通常采用间接蒸汽从溶液中热汽提 SO_2。在 DMA 工艺中硫酸有时被用来协助汽提和干燥 SO_2。部分再生溶液被送到盐回收系统,在此由被吸收的 SO_2 和 SO_3 氧化生成的热稳定胺分离出去。如图 3-21 所示。

优点/缺点

优点
- 清洁溶液使结垢和堵塞问题最小。
- 可生产 SO_2 副产品。
- 可以处理非常高的入口 SO_2 浓度。

缺点/局限性
- 因为耐氧化能力低,所以 SO_2 浓度低时使用可能不划算。
- 相对复杂且能耗大。
- 资本成本高。
- 缺乏最新的应用可能限制了技术发展。

主要供应商/开发商

供应商/开发商	工艺名称	状态
ASARCO	DMA	工业化(闲置)
Dow	Dow Process	中试(暂停)
Lurgi/GesellschaftlMetallgesellschaft	Sulphidine Process	工业化(闲置)
Monsanto	NOSOX	中试(暂停)
Union Carbide(Turbosonic)	CANSOLV	示范(暂停)

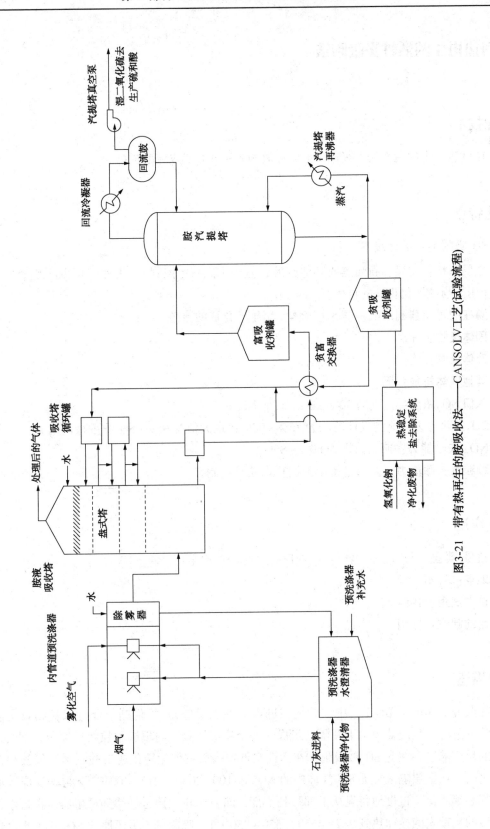

图3-21 带有热再生的胺吸收法——CANSOLV工艺(试验流程)

带有热再生的活性炭吸附法

工业技术

在可热再生的活性炭上吸附 SO_2,释放 SO_2 并再加工成硫酸或硫。

工艺特点

SO_2 吸附剂:活性炭。

主要原料:烟煤、石油焦或其他碳源;氨(用于 NO_x 控制);天然气用做再生燃料,还原气(用于与硫转化相关的再生)。

潜在的可销售副产品:富 SO_2 气体,用于转化成酸或硫。

固体废物:无。

液体废物:无。

其他气体排放:无。

入口 SO_2 浓度:达到约 3000μg/g(工业运转)。

SO_2 去除能力:典型设计范围为 85%~98%;最大值约 95%(SO_2 浓度最高时)。

NO_x 去除能力:典型数据为 60%~85%。

颗粒物去除能力:要求上游单独进行颗粒物控制。

工业应用

数量/类型:很多。发电厂;炼油厂;焚化炉;冶金厂。

地点:日本。

首次试用:1984 年。

目前状态:在用。

工业描述

在典型的 Mitsui-BF 工艺中,烟气在进入活性焦反应器/吸附剂前经过颗粒物收集器并用水喷淋急冷。反应器由上下两隔区组成。两个反应器隔区内填满了粒状活性炭。烟气进入下面的反应隔区,在此 SO_2 被吸附并在活性炭颗粒表面被催化转化成硫酸。然后氨被注入到两隔之间。在上层隔区,无 SO_2 气体中的 NO_x 在 100~205℃(212~400℉)下与氨反应还原成水蒸气和单质氮。慢慢地将炭从上部移到下部,然后用斗式传送机移到再生器。在再生器中负载酸的炭首先间接加热到 287~455℃(550~850℉)。吸附的 SO_3 还原成 SO_2,在此过程要消耗部分炭。然后再生炭在回到吸附器装置顶部之前间接冷却。在再生器中，SO_2氧化和SO_3与氨反应所生成的任何硫酸铵都被还原成氮、水蒸气和SO_2。然后产生的富含SO_2气体进一步加工成硫酸或单质硫。如图3-22所示。

优点/缺点

优点
- 炭吸附消除了溶液和浆液处理。
- 生产富含SO_2的副产品气体。
- SO_2和NO_x集成去除。
- 有处理高入口SO_2浓度的能力。

缺点/局限性
- 资本成本相对较高。
- SO_2去除率有限平均达到约90%。
- 需要采用氨这种要求严格管理的危险化学品。

主要供应商/开发商

Marsulex(Mitsui Licensee)　　　Steinmuller/Hugo Peterson　　　Uhde(Mitsui Licensee)
Mitsui(Mitsui-BF Process)　　　Sumitomo Heavy Industries(EPDC/SHI)
Steag

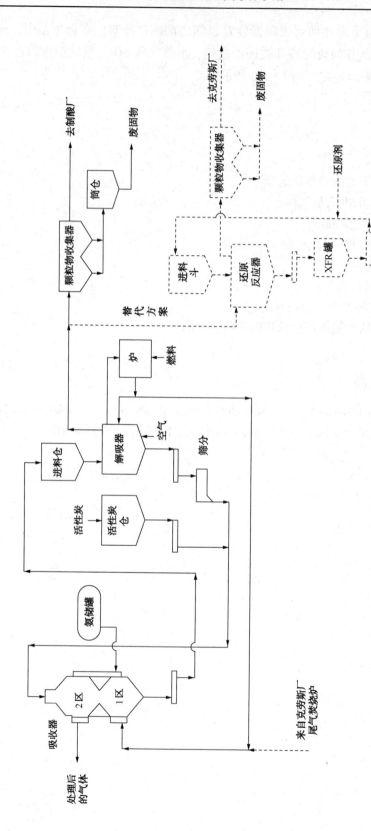

图3-22 带有热再生的炭吸附法——Mitsui-BF工艺(工业流程)

石灰石清液洗涤法

研发技术

采用有机酸性缓冲溶液吸收 SO_2，然后在浆态床反应器中废液与石灰石反应要么沉淀成石膏(强制氧化模式)要么沉淀成固体废物(抑制氧化模式)。

工艺特点

SO_2 吸收剂：有机酸缓冲溶液。
主要原料：石灰石；有机酸缓冲剂(如二元酸、蚁酸)；硫——抑制氧化模式下使用。
潜在的可销售副产品：石膏(强制氧化模式)；CO_2 气体(抑制氧化模式)。
固体废物：亚硫酸钙/硫酸钙混合物(抑制氧化模式)。
液体废物：为生产商品级石膏可能要使用净化液。
其他气体排放：CO_2 气体，如果有排放的话(抑制氧化模式)。
入口 SO_2 浓度：2000μg/g(试验测试)。
SO_2 去除能力：90%(预计)，但中试装置去除能力限制在<80%。
NO_x 去除能力：无报道，可用于集成控制的添加剂(如可溶性铁螯合物)正在开发之中。
颗粒物去除能力：有集成控制能力，但生产商品级石膏除外。

工业应用

数量/类型：无。
地点：无报道。
首次试用：无报道。
目前状态：在研(中试运转仍在继续)。

工业描述

在一个逆流盘式塔中，烟气与吸收 SO_2 的有机缓冲溶液相接触。有两种正在研发的潜在操作模式，它们在处理废液的方法上略有不同。强制氧化模式——废液首先被送到氧化器/反应器组合罐，在此采用同时通入空气和添加石灰石的方法形成石膏沉淀。然后浆液被送入泥浆床反应器罐(SBRT)以便晶体生长和浓缩。一部分 SBRT 潜流再循环到氧化器/反应器，其余部分则被离心分离生产石膏饼。SBRT 部分溢流被送到澄清器/浓缩器以便除去被循环到 SBRT 的细骨料。澄清液与有机酸缓冲剂组分一起返回到吸收器。抑制氧化模式——废液直接送到 SBRT，在此与石灰石反应。二氧化碳气体从 SBRT 排放出来，可以作为潜在的可供销售的副产品被收集起来。浓缩的潜流部分被离心分离，溢流部分则被送到澄清器/浓缩器以便除去被循环到 SBRT 的细骨料。澄清的溢流在回到洗涤器之前添加了有机酸组分和乳化硫。如图 3-23 所示。

优点/缺点

优点
- 清洁溶液洗涤使结垢和堵塞问题最小化。
- 采用低成本石灰石作试剂。
- 如果有废物产生也能对 SO_2 和颗粒物进行集成控制。

缺点/局限性
- 废固物处理的选择方案可能是需要废物与灰(和石灰)掺混来处置废物。
- 对于生产商品级石膏的选择方案通常必须有净化液。

主要供应商

Electric Power Research Institute and Sponsors

第3部分 FGD技术简介回收法工艺技术

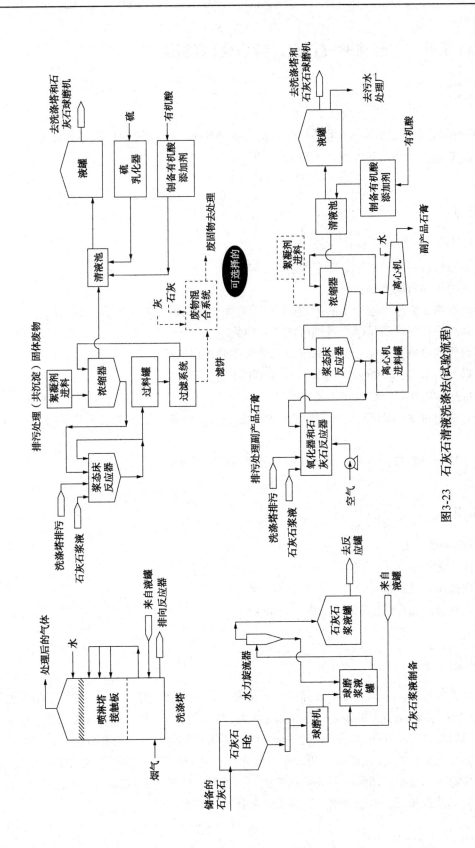

图3-23 石灰石清液洗涤法(试验流程)

Kureha 工艺——醋酸钠/石灰石(或石灰)双碱法

研发技术

烟气在两部分洗涤器中与醋酸钠和石灰石浆液接触。吸收的 SO_2 形成亚硫酸盐,然后被氧化成硫酸盐,并与石灰石反应生成石膏。

工艺特点

SO_2 **吸收剂**:醋酸钠。

主要原料:石灰石(或石灰);醋酸;纯碱或苛性钠。

潜在的可销售副产品:石膏。

固体废物:废液处理产生的废物(如果需要预洗涤的话)。

液体废物:生产商品级石膏则可能需要净化液。

其他气体排放:可能有少量醋酸会从烟囱排放而损失掉。

入口 SO_2 浓度:1500~2000μg/g(试验测试)。

SO_2 去除能力:90%~95%(试验测试)。

NO_x 去除能力:无报道——尽管声称添加剂(催化剂)可以用来允许同步 SO_2 和 NO_x 控制。

颗粒物去除能力:为生产商品级石膏需要进行上游颗粒物控制。

工业应用

数量/类型:无。

地点:无报道。

首次试用:无报道。

目前状态:暂停(完成中试工作)。

工业描述

洗涤器由两部分组成,每部分都是多级接触。在第一部分中,气体与醋酸钠溶液接触,吸收 SO_2 后产生亚硫酸钠和醋酸,会有部分挥发。在第二部分中,采用石灰石浆液喷洒来捕获挥发的醋酸以及额外的 SO_2,形成可溶性醋酸钙和亚硫酸氢钙。两部分的废液被送到吹气氧化器,在此亚硫酸盐/亚硫酸氢盐转化为硫酸盐。然后酸化的硫酸钠溶液与石灰石反应生成石膏和再生醋酸钠。用传统的脱水法除去石膏并且回收液返回洗涤器。该工艺的变化是采用石灰而不是石灰石,也已经过中试试验。如图 3-24 所示。

优点/缺点

优点
- 对宽范围入口 SO_2 浓度都有高去除效率。
- 容许入口 SO_2 浓度波动范围大。
- 可生产商品级石膏。
- 容许吸收剂氧化范围宽。

缺点/局限性
- 在吸收器回路中使用浆液存在堵塞和结垢的可能性。
- 洗涤流程有些复杂。

主要供应商

Kureha

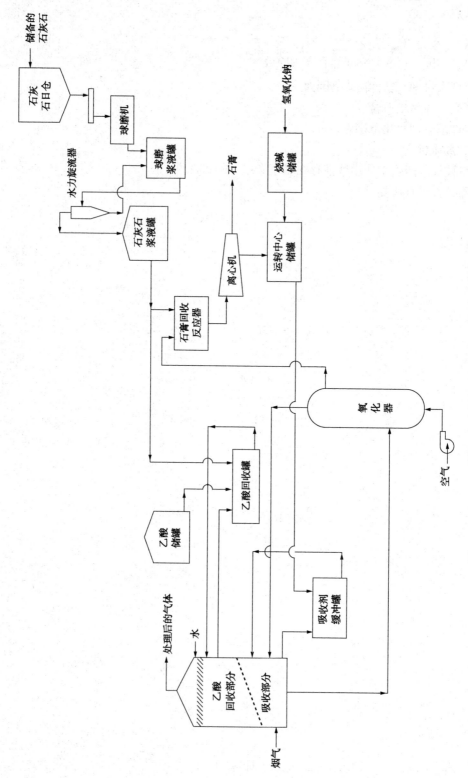

图3-24 Kurenha工艺——乙酸钠/石灰石(或石灰)双碱法(试验流程)

带有氨再生的碳酸钠(碳酸氢钠)吸收法

研发技术

用碳酸氢钠或碳酸钠进行干法吸收 SO_2 或用碳酸钠溶液来洗涤 SO_2，随后废液被中和和氧化(或干燥的固体被溶解和氧化)。然后硫酸钠与氨和二氧化碳反应重新生成用于吸收 SO_2 的碳酸氢钠(或碳酸钠)和硫酸铵肥料副产品。

工艺特点

SO_2 吸收剂：碳酸氢钠(用于干式注入)；碳酸钠(用于干式或溶液洗涤)。

主要原料：氨；CO_2；碳酸钠。

潜在的可销售副产品：硫酸铵化肥(球状硫代硫酸铵研究目前仍在继续进行)。

固体废物：少量碳酸钙和碳酸镁随同再生系统重金属一起沉淀；如果采用颗粒物联合控制的话，还包括灰分和颗粒物。

液体废物：无。

其他气体排放：在再生系统排放气中有 CO_2(在某些系统中 CO_2 可能会再循环)。

入口 SO_2 浓度：达到约 $2000\mu g/g$(干式注入)；达到约 $5000\mu g/g$(干式洗涤)；超过 $100000\mu g/g$(溶液洗涤)。

SO_2 去除能力：典型设计范围为 50%~75%(干式注入)；80%~95%(干式洗涤)；达到 99^+%(溶液洗涤)。

NO_x 去除能力：在干式注入和干式洗涤系统选择方案中能去除一些 NO_x。

颗粒物去除能力：颗粒物联合控制是一种选择方案。

工业应用

数量/类型：无。

地点：无报道。

首次试用：无报道。

目前状态：在研(再生系统中试测试已经完成，工业装置正在规划中；洗涤系统已经工业化)。

工业描述

无论是 SO_2 洗涤还是吸收剂再生/副产品转化都有几种工艺变化。这个概念集中在硫酸钠转化为用于 SO_2 洗涤的碳酸氢钠(或碳酸钠)以及生产优质硫酸铵副产品肥料。已经实现了采用硫酸钠与氨和二氧化碳反应来生产碳酸氢钠和硫酸铵，并采用连续沉淀和结晶法对其进行分离和提纯。然后碳酸氢钠可以焙烧成碳酸钠，托盘装运的硫酸铵单独或与硫结合生产优质硫代硫酸铵（SAS）。一种选择方案是将硫酸铵与氯化钾和石灰反应转化成硫酸钾，产生废 $CaCl_2$ 盐水。再生的碳酸氢钠可以直接用于干式注入进行 SO_2 控制，或碳酸钠用于干式洗涤（干式或循环床洗涤器喷雾）或溶液洗涤。如图 3-25 所示。

优点/缺点

优点
- 可生产优质肥料副产品。
- 耐吸收剂氧化能力强。
- SO_2 去除能力范围宽（采用洗涤类型灵活）。
- 颗粒物联合控制是一种选择方案。

缺点/局限性
- 需要廉价供应氨和二氧化碳。
- 再生流程相对复杂。
- 需要采用氨这种要求严格管理的危险化学品。

主要供应商

Airborne Technologies – for regeneration system; coupled with any number of suppliers of appropriate scrubbing technologies

第 3 部分　FGD 技术简介回收法工艺技术

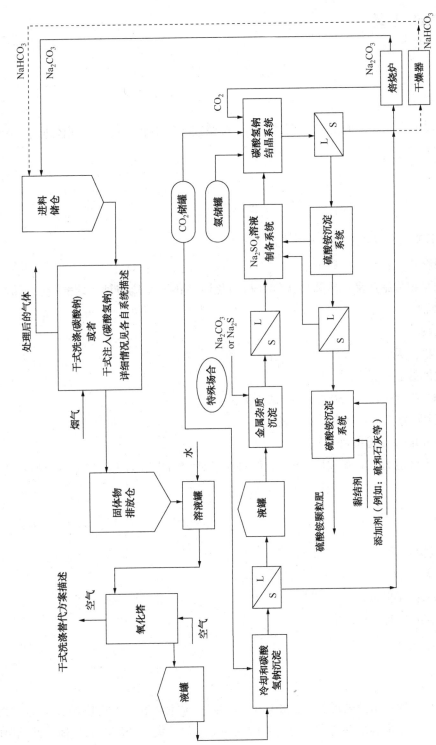

图3-25　带有氢再生的碳酸钠(碳酸氢钠)吸收法(试验流程)

Pircon-Peck 工艺

研发技术

采用焦磷酸钙和焦磷酸铵浆液吸收 SO_2,废浆液用氨中和,然后对固体进行部分脱水得到肥料副产品浆液。

工艺特点

SO_2 吸收剂:焦磷酸铵和焦磷酸钙。

主要原料:氨;磷矿;磷酸。

潜在的可销售副产品:焦磷酸铵(溶液)与焦磷酸钙、亚硫酸钙、硫酸钙(固体)的肥料"浆液"混合物。

固体废物:无。

液体废物:无。

其他气体排放:无。

入口 SO_2 浓度:1500~5000μg/g(试验测试)。

SO_2 去除能力:90%~95%(试验测试)。

NO_x 去除能力:无报道。

颗粒物去除能力:有集成控制能力(但只有当对"产品"市场化没产生不利影响时)。

工业应用

数量/类型:无。

地点:无报道。

首次试用:无报道。

目前状态:暂停。

工业描述

此工艺包括使用由焦磷酸铵(溶液)和焦磷酸钙(固体)溶于水后所组成的混合物洗液。烟气经过两个串联吸收塔并通常与再生吸收剂逆流接触。第一个塔润湿气体,浓缩吸收剂液并去除大部分的 SO_2。第二个塔作为 SO_2 的最后清理阶段。废吸收剂浆液送入两级反应器系统,在此补充焦磷酸钙、氨和其他组分。氨控制吸收剂溶液的 pH 值以及焦磷酸钙沉淀成亚硫酸钙和硫酸钙。再生浆液被送到浓缩器,在此一部分浆液被浓缩作为副产品肥料浆液,其余返回到吸收塔。与市场上销售的同类液体肥料副产品相比，该产品加工成本最低，并且氮和磷与钙和硫之比允许有更大的灵活性。若要集成颗粒物控制则需要添加飞灰成分，这样也可提高作为土壤改良剂或调节剂的价值。如图 3-26 所示。

优点/缺点

优点
- 能生产可销售的肥料浆液副产品。
- 有 SO_2 和颗粒物集成控制能力。
- 耐吸收剂氧化能力强。
- 磷酸盐的化学性质排除了烟道废气中潜在的"蓝色烟羽"。

缺点/局限性
- 工艺的经济可行性关键在于原材料的可用性、形式和成本以及副产品的可销售性。
- 可能吸收剂损耗大。
- 需要采用氨这种要求严格管理的危险化学品。

主要供应商

Illinois Institute of Technology and Resources Agricultural Management

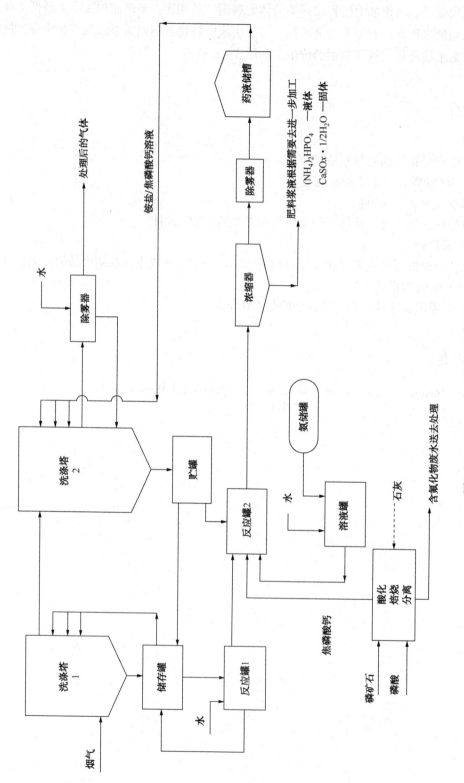

图3-26 Pircon-Peck工艺(试验流程)

Passamaquoddy 回收工艺

研发技术

采用氧化钙和氧化钾浆液吸收 SO_2 和 CO_2，得到 $CaCO_3$ 和硫酸钾，分别回收用作烧窑原料和肥料副产品。

工艺特点

SO_2 吸收剂：氧化钙和氧化钾（和氧化钠）的混合物。

主要原料：废窑灰。

潜在的可销售副产品：硫酸钾（肥料添加剂）；蒸馏水；烧窑原料（$CaCO_3$）。

固体废物：无。

液体废物：无。

其他气体排放：无。

入口 SO_2 浓度：$100 \sim 1800 \mu g/g$（试验测试）。

SO_2 去除能力：92%（试验测试）。

NO_x 去除能力：无报道。

颗粒物去除能力：无。

工业应用

数量/类型：无。

地点：无报道。

首次试用：无报道（能源部洁净煤示范工程于 1994 年完成）。

目前状态：暂停。

工业描述

热水泥窑废气首先经过静电除尘器，在此除去夹带的水泥窑粉尘。该废窑粉尘是 CaO 和碱金属氧化物（主要是钾）的混合物，因此它作为水泥窑原料再循环是没有价值的。回收粉尘存储在筒仓中作为洗涤器碱性吸收剂。然后气体在气-液换热器中被冷却，作为副产物结晶器的主要热源。冷却后的气体在气体鼓泡反应器中与含水泥窑粉尘 20%～25% 的浆液接触。窑粉尘浆液用新鲜的和回收的工艺澄清液制备。由于同时吸收了 SO_2 和 CO_2，所以在反应器中发生了几种反应，CaO 转化为 $CaCO_3$，在硫酸钾溶液中形成浆液。废浆液送入沉淀池，澄清液送到结晶器，在此硫酸钾固体沉淀。分离的硫酸钾浆液被送到离心机，得到脱水的硫酸钾固体。在结晶器也产生蒸馏水。一部分蒸馏水与沉淀池底部物流混合，在第二沉淀池进行脱水之前去稀释固体。二次脱水前稀释的底部物流使回收的 $CaCO_3$ 固体成为可接受的窑进料。第二沉淀池的澄清液再循环用于窑粉尘浆液的制备。如图3-27所示。

优点/缺点

优点
- 生产有可能销售的肥料副产品。
- 不需要购买吸收剂原料。
- 从窑废物中回收水泥原料。

缺点/局限性
- 只适用于水泥窑或其他使用窑粉的工厂。
- 不纯的硫酸钾副产品可能市场价值有限。
- 复杂的洗涤器设计有高堵塞和结垢潜力。

主要供应商

Passamaquoddy Technology

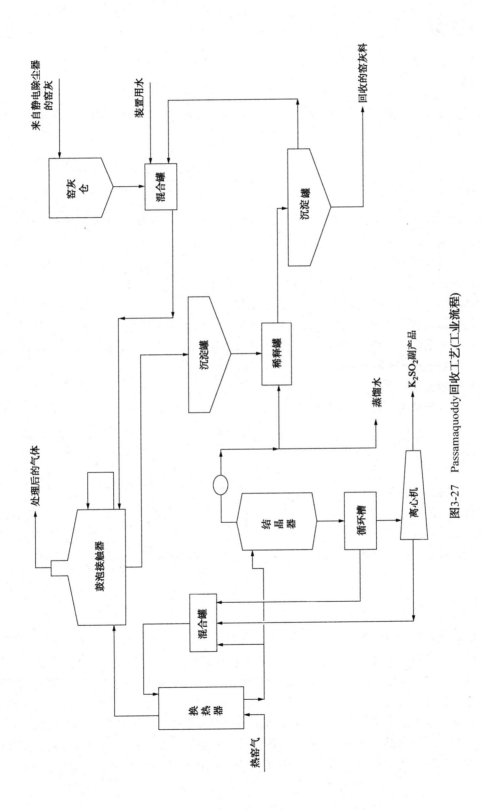

图3-27 Passamaquoddy回收工艺(工业流程)

ISPRA 工艺

研发技术

采用酸化溴溶液吸收和氧化 SO_2，生成硫酸和氢溴酸。然后将硫酸浓缩到 95%，溴酸电解生成溴再去重复使用。

工艺特点

SO_2 吸收剂：酸性溴溶液[15%(质量)H_2SO_4，15%(质量)HBr，0.5%(质量)Br_2]。
主要原料：溴。
潜在的可销售副产品：硫酸(95%)；氢。
固体废物：无。
液体废物：净化液，为防止可溶性杂质累积。
其他气体排放：氢气(来自电解调用)；可能有少量溴排到废气中。
入口 SO_2 浓度：达到 3000μg/g(试验测试)。
SO_2 去除能力：95$^+$%(据称)。
NO_x 去除能力：无报道。
颗粒物去除能力：要求上游单独进行颗粒物控制。

工业应用

数量/类型：无。
地点：无报道。
首次试用：无报道。
目前状态：不详[约 850m^3/min(30000ft^3/min)中试装置运转]。

工业描述

热烟气首先用于为硫酸浓缩和处理气的再加热提供一些热负荷。在进行 SO_2 去除之前，烟气先在这些蒸发器中被冷却并在气-气蓄热式换热器中进一步冷却。然后冷却的烟气被送到反应器，在此与酸化溴溶液接触以吸收和氧化 SO_2，生成硫酸和氢溴酸。经过除雾塔后，脱硫气体经过最后清洗步骤的最后洗涤阶段去除残留的溴溶液。反应器中的溶液不断被抽出，一部分被送到预浓缩器，一部分去电解再生系统。在电解池中，氢在阴极形成，溴在阳极形成。溴返回到流程和氢气净化后作为副产品。据报道，迄今进行的测试表明，烟气中氯化物和 NO_x 的存在不影响系统的性能，然而没有明确地讨论如何处理这些杂质。如图 3-28 所示。

优点/缺点

优点
- 清洁溶液洗涤使结垢和堵塞问题最小。
- 可生产浓缩 H_2SO_4 副产品。

缺点/局限性
- 溴被认为是一种有害且需要严格管理的有毒物质。
- 在集成操作中满量程操作参数没有被证实。

主要供应商

European Community's Institute of Environmental Sciences
Ferlini/General Atomics

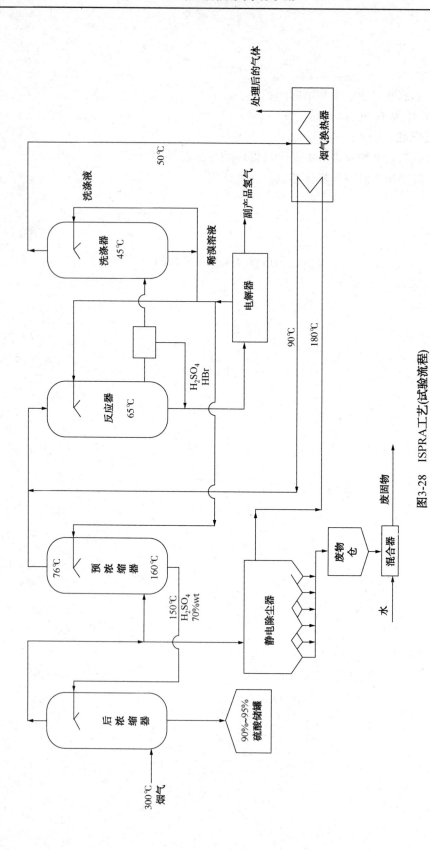

图3-28 ISPRA工艺(试验流程)

电化学膜分离法

研发技术

来自约400℃(750℉)热烟气的SO_2通过流经型电极被收集并氧化,之后它通过膜迁移到阳极,转化成SO_3并作为发烟硫酸被收集在储罐中。

工艺特点

SO_2吸收剂:电化学分离。
主要原料:氮气。
潜在的可销售副产品:发烟硫酸。
固体废物:无。
液体废物:无。
其他气体排放:无。
入口SO_2浓度:<1000~约5000μg/g(试验测试)。
SO_2去除能力:能达到99%(据称)。
NO_x去除能力:目前正在研发。
颗粒物去除能力:无。

工业应用

数量/类型:无。
地点:无报道。
首次试用:无报道。
目前状态:在研(目前正在小试测试)。

工业描述

该项技术包含由阴极、电解质膜和阳极组成的系列"三明治"式单元。约400℃(750℉)的热烟气(如上游的锅炉空气预热器)先与流经型多孔阴极接触,SO_2被收集并被氧化为SO_3。(另一种变化的工艺形式是,在催化反应器中SO_2被催化转化为SO_3,类似于其他地方描述的直接硫酸工艺)。硫酸盐离子通过电解质膜在低压电位的影响下迁移到阳极。然后氮吹扫循环气将SO_3携带通过一回收装置,比如在硫酸厂可用于生产发烟硫酸(H_2SO_4中的SO_3)。电极由透明陶瓷材料构成;膜电解液是一种固定熔盐;电池外壳是玻璃陶瓷。正在进行的研发工作重点是通过还原成N_2来去除NO_x,优化电池基质材料和改进膜设计以减少极化和提高电流密度。如图3-29所示。

优点/缺点

优点

- 除了氮组分没有化学物质或试剂。
- 生产发烟硫酸，不产生废固物。
- 操作工作量低。
- 据称 SO_3 收集能力约 85%。
- 有可能同时进行 NO_x 控制。
- 烟道废气不需要再加热。

缺点/局限性

- 热气体加工和特殊的建材需求会使投资成本高。
- 关系到所研发材料类型可靠性的问题在烟气脱硫工业应用中没彻底进行测试。

主要供应商

Georgia Institute of Technology

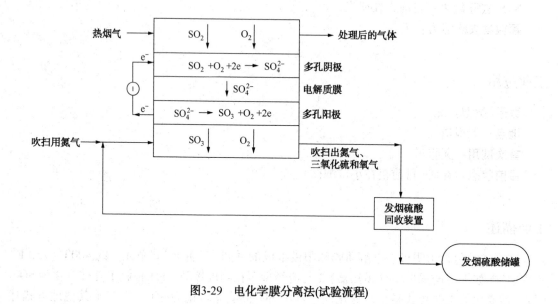

图3-29 电化学膜分离法(试验流程)

带有过氧化氢氧化的硫酸吸收法

研发技术

从燃烧废气中去除 HCl 和 SO_2，首先 HCl 在浓 HCl 中被吸收，然后 SO_2 在浓硫酸中被吸收，酸溶液不断循环通过电解池产生过氧化氢以提高被吸收的 SO_2 的氧化程度。

工艺特点

SO_2 吸收剂：硫酸（对于 SO_2）；盐酸（对于 HCl）。
主要原料：（石灰，用于预洗涤器的排污处理）。
潜在的可销售副产品：硫酸（约 95%）；盐酸（约 31%）。
固体废物：预洗涤器废液排污处理。
液体废物：预洗涤处理液。
其他气体排放：来自过氧化氢生产的电解池用氢。
入口 SO_2 浓度：500~2000μg/g（试验测试）。
SO_2 去除能力：约 90%（试验测试）。
NO_x 去除能力：无报道。
颗粒物去除能力：要求上游单独进行颗粒物控制。

工业应用

数量/类型：无。
地点：无报道。
首次试用：无。
目前状态：暂停。

工业描述

该工艺主要集中在要求同时去除 HCl 和 SO_2 的这类烟气的处理，如来自市政固体废弃物（MSW）焚化炉烟气。首先预洗涤来润湿气体和去除非酸性污染（如残余颗粒物、重金属）。预洗涤器在低 pH 值下操作使 HCl 和 SO_x 的吸收最小化。然后气体送到两级盐酸吸收器。吸收器的废酸液被送到酸蒸馏浓缩器生成 31% 浓度的酸产品，贫酸溶液再循环到吸收器。在 HCl 吸收器的下游，气体通过高效除雾器除去 HCl 液滴。然后进入 SO_2 吸收器，在此它与浓硫酸接触吸收 SO_2 和 SO_3。将空气也吹入吸收器的第一段使 SO_2 氧化成 SO_3。酸溶液不断循环通过电解池，以纯酸过硫酸盐模式操作，原位生成过氧化氢并完成残留 SO_2 的氧化。从电解池排放出 95% 浓度的产品硫酸。如图 3-30 所示。

优点/缺点

优点
- 可生产两种商品级浓度的副产品酸。

缺点/局限性
- 在上游需要有颗粒物的高效控制。
- HCl 和 SO_2 两者浓度高的气体具有经济上的吸引力。
- 需要预洗涤器,它产生的净化液需要处理。

主要供应商

Noell/KCR

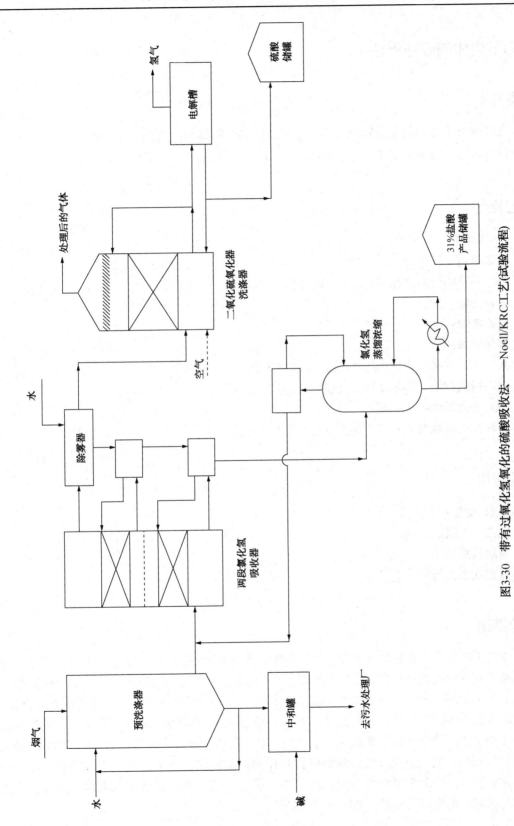

图3-30 带有过氧化氢氧化的硫酸吸收法——Noell/KRC工艺(试验流程)

带有酸再生的碳吸附法

研发技术

气体来自上游高效颗粒物收集器，采用活性炭吸附其 SO_2，然后活性炭采用一系列硫酸溶液进行再生，硫酸浓度最终达到 65%。

工艺特点

SO_2 吸附剂：活性炭。

主要原料：活性炭。

潜在的可销售副产品：硫酸（约 65%）。

固体废物：无。

液体废物：无。

其他气体排放：无。

入口 SO_2 浓度：达到约 $2000^+\ \mu g/g$（试验测试）。

SO_2 去除能力：平均约 80%（试验测试）。

NO_x 去除能力：无报道。

颗粒物去除能力：要求上游单独进行颗粒物控制。

工业应用

数量/类型：无。

地点：无报道。

首次试用：无。

目前状态：暂停。

工业描述

来自上游高效干颗粒物收集器（如织物过滤器或 ESP）的烟气，通过一组平行活性炭吸附器装置并在活性炭上吸附 SO_2。吸附器装置大部分位置都采用吸附模式配置，并隔离出一个或多个单元用于再生。由于装置是通过再生循环，所以需要依次用更稀的硫酸溶液洗涤，开始时用约 20% 的浓度，结束时用水。再生洗涤的每个阶段都是隔离的并按"指示"前进。将最先用于洗涤的 20% 最浓酸送入水下燃烧蒸发器以便完全氧化所吸收的 SO_2 并使酸溶液浓缩到大约 65%。然后浓酸过滤去除颗粒物并作为产品存储。该工艺在几个大型的示范工厂运行过。最后，一个 55MW 的系统运行了 5 年多。但是，该工艺从来没有被工业化，因为得到的浓酸其销售市场有限。如图 3-31 所示。

优点/缺点

优点
- 直接生产适度浓硫酸(约65%)。
- 除了需要更换炭外，不需要其他原料。
- 烟道废气不需要再加热。

缺点/局限性
- 要求上游采用高效颗粒物控制
- 酸强度低可能会限制使用

主要供应商

Hitachi

Research Triangle Institute

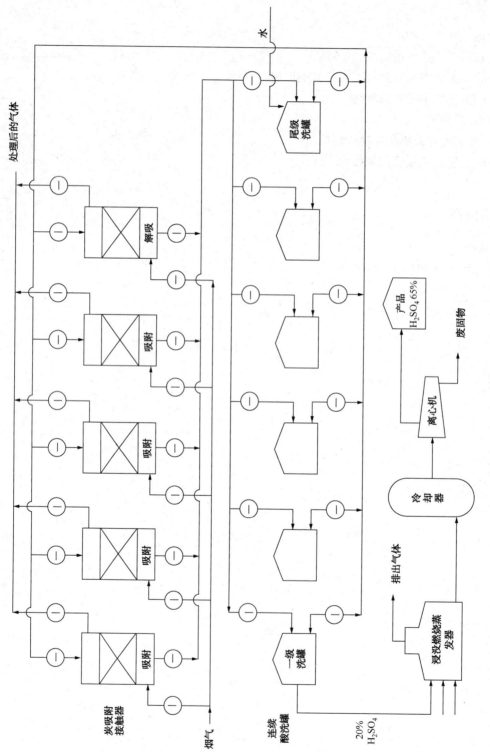

图3-31 带有酸再生的碳吸附法——Hitachi工艺(试验流程)

带 NO_x 控制的氧化锌工艺（直接浆液吸收法）

研发技术

利用喷雾干燥器采用氧化锌浆液吸收 SO_2 和 NO_x，然后焙烧固物得到富 SO_2 和 NO_x 气体，再将其进一步加工成硫酸和硝酸。

工艺特点

SO_2 吸收剂：氧化锌/氢氧化锌。
主要原料：氧化锌。
潜在的可销售副产品：富 SO_2 和富 NO_x 气体转化可得到硫酸和硝酸。
固体废物：含有杂质的气体需要净化会产生废固物（如氯化物）。
液体废物：无。
其他气体排放：无。
入口 SO_2 浓度：没明确。
SO_2 去除能力：没明确。
NO_x 去除能力：无报道。
颗粒物去除能力：要求上游单独进行颗粒物去除。

工业应用

数量/类型：无。
地点：无报道。
首次试用：无报道。
目前状态：在研（处于中试阶段）。

工业描述

在喷雾干燥器中，烟气与氧化锌浆液接触以吸收其 SO_2 和 NO_x。这一吸收过程会产生氧化锌（未反应的）、亚硫酸锌、硫酸锌固体混合物和羟胺磺酸盐的复杂混合物。与其他喷雾干燥工艺一样，固物被收集在下游一高效颗粒物收集器（织物过滤器或静电除尘）中。然后收集的固物在略带还原的条件下焙烧并释放 SO_2、NO_x 和水蒸气。气体被送到生产硫酸和硝酸的多级酸厂，再生的氧化锌固体被循环到喷雾干燥器作进料。酸厂的准确配置尚未完全明确。需要固物净化来控制杂质累积也未确定。如图 3-32 所示。

优点/缺点

优点
- 使用喷雾干燥器大大简化了工艺配置。
- 实现了 SO_2 和 NO_x 联合控制。
- 可得到硫酸和硝酸副产品。
- 烟道废气不需要再加热。

缺点/局限性
- 使用喷雾干燥型接触器时将限制入口 SO_2 浓度到大约 $3000\mu g/g$，相应去除率大约不到 95%。
- 可能有很大的消耗和净化损失。

主要供应商

Battelle

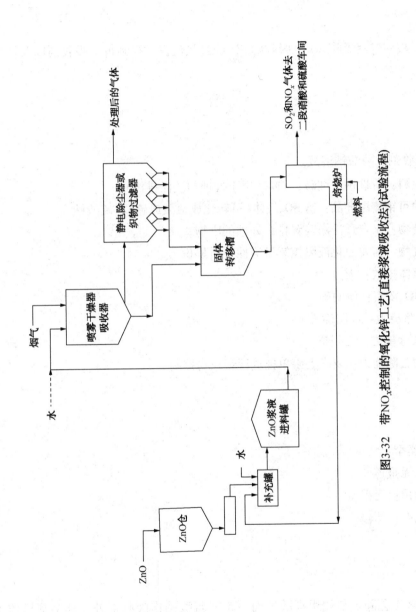

图3-32 带NO_x控制的氧化锌工艺(直接浆液吸收法)(试验流程)

ELSORB 工艺

研发技术

采用磷酸钠溶液吸收 SO_2，吸收的 SO_2 经过热汽提，得到再生吸收剂以及可以进一步加工的富 SO_2 气体。

工艺特点

SO_2 吸收剂：磷酸钠溶液。
主要原料：苛性钠或纯碱；石灰（用于处理预洗涤排污）。
潜在的可销售副产品：富 SO_2 气体（可转化成硫酸或硫）；硫酸钠。
固体废物：来自预洗涤装置排污处理的废物。
液体废物：需要净化液以控制可溶性杂质累积。
其他气体排放：无。
入口 SO_2 浓度：没明确。
SO_2 去除能力：没明确。
NO_x 去除能力：无报道。
颗粒物去除能力：要求上游单独进行颗粒物控制。

工业应用

数量/类型：无。
地点：无报道。
首次试用：无报道。
目前状态：暂停。

工业描述

ELSORB 工艺除了是使用磷酸钠而不是亚硫酸钠作吸收剂外，其余都模仿了 Wellman Lord 工艺。首先烟气通过预洗涤器去除颗粒物，可溶性杂质经预洗涤器排污处理系统后排放。然后润湿的气体与磷酸钠溶液接触并吸收 SO_2。报道称，溶液比 Wellman Lord 系统使用的亚硫酸盐/亚硫酸氢盐溶液有更高的缓冲性，所以流率更低，且设备略小。大部分废吸收液送入蒸发系统，在此 SO_2 被汽提出来，磷酸钠吸收剂溶液被再生。与 Wellman Lord 工艺不同，在蒸发器中形成的晶体很少，因此在循环回路和在蒸发器中基本没有固体或结垢。然后

富 SO_2 气体经冷却去除水蒸气后送去酸厂或克劳斯厂。分离后的吸收剂被送到净化结晶器以除去吸收 SO_2 时氧化形成的硫酸钠。小股净化液物料也要从系统中分离出来以控制杂质如氯化物的累积。如图 3-33 所示。

优点/缺点

优点
- 清洁溶液洗涤应该使吸收器中结垢最少。
- 适用入口 SO_2 浓度范围宽。
- 得到可进一步加工的富 SO_2 气体。

缺点/局限性
- 需要净化液来控制杂质。
- 从环保角度来看含磷酸盐的净化液可能更难处理。

主要供应商

Elkem Technologies

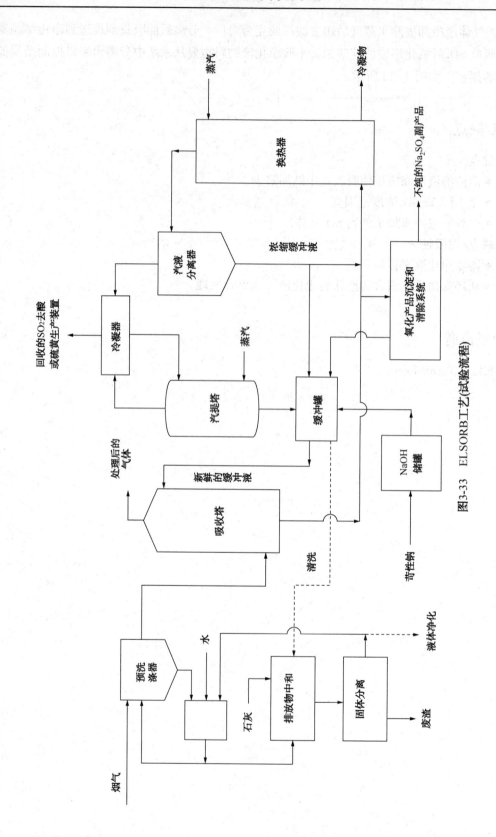

图3-33 ELSORB工艺(试验流程)

带有热再生的氨洗涤法

研发技术

采用硫酸铵/亚硫酸铵溶液吸收 SO_2，随后废溶液热汽提以释放可转化成单质硫或硫酸的 SO_2。

工艺特点

SO_2 吸收剂：氨。

主要原料：氨；（硫，在 IFP 工艺中用于转化成富 SO_2 气体）；（还原气体，在 IFP 工艺中用于转化成硫）。

潜在的可销售副产品：富 SO_2 气体用于转化成硫或酸；替代直接生成硫；（在 TAV 工艺中有一些固体硫酸铵副产品）。

固体废物：无。

液体废物：无。

其他气体排放：排放的烟道废气中可能有"蓝色烟羽"；焚烧硫转化器排放气（如果不循环到洗涤器）。

入口 SO_2 浓度：达到约 $5000\mu g/g$（试验测试）。

SO_2 去除能力：$90^+\%$（试验测试）。

NO_x 去除能力：已提出在 IFP 工艺中将 NO_x 组合控制作为该技术的组成部分。

颗粒物去除能力：要求上游单独进行干颗粒物控制。

工业应用

数量/类型：无。曾经有一套"工业化"系统在东欧一家铜冶炼厂短期运转过，但已关闭。

地点：无报道。

首次试用：无报道。

目前状态：暂停（完成中试测试）。

工业描述

采用氨基法吸收/解吸来控制 SO_2 的技术开发项目有许多，还没有一个可获得工业化；但是从发展角度看最先进的一个是 IFP/Catalytic 工艺与 CEC（Chisso 工程公司）辅助工艺联合起来的可组合控制 NO_x 的技术。该工艺采用传统多级洗涤的亚硫酸铵、亚硫酸氢铵和硫酸铵溶液（后者来自所吸收 SO_2 的氧化）。有两种方法来处理废液。一种生产富 SO_2 气体用于在现场装置转化成硫酸或单质硫;另一种直接生产硫。在这两者中,废液首先被送到逆流式蒸发器,在此进行内部酸化和加热相结合以释放 SO_2 并产生硫酸铵浆液。然后浆液用循环的硫酸氢铵酸化,之后在熔融盐浴中加热以赶走氨并生产硫酸氢铵。盐浴中添加少量的硫可使一些硫酸氢盐还原成 SO_2、氨和水。大部分氨被浓缩,其余气体和氨返回洗涤器。TVA 开发了一种不采用硫的类似工艺,在分解之前采用的是结晶硫酸铵。认为可生成少量的硫酸铵副产品。如图 3-34 所示。

优点/缺点

优点

- 生产用于转化成硫酸或单质硫的富 SO_2 气体。
- 无废固物或液体排放物。
- 在入口 SO_2 浓度高时有高的 SO_2 去除能力。

缺点/局限性

- 要求上游有颗粒物去除能力。
- 可能存在"蓝色烟羽"透明度问题,需要非常高的除雾程度或采用湿 ESP。
- 需要采用氨这种要求严格管理的危险化学品。

主要供应商

Cominco(Exorption 工艺)　　　IFP/Catalytic/CEC(Stackpol 150)　　　TVA(ASS 工艺)

第 3 部分 FGD 技术简介回收法工艺技术

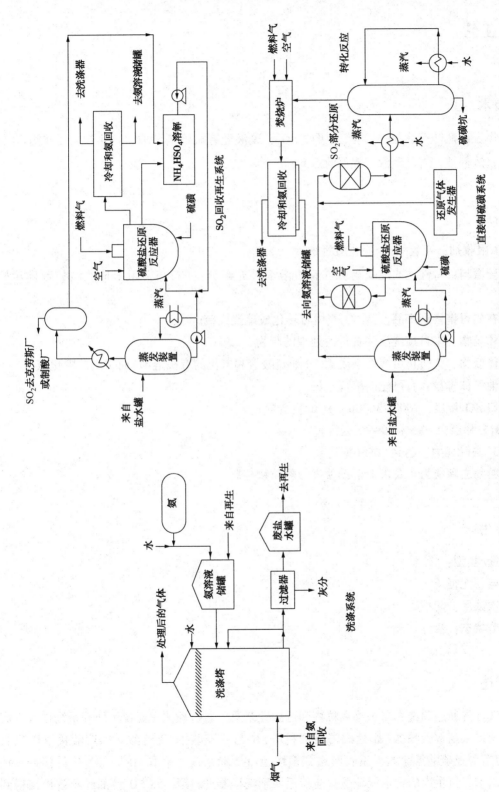

图3-34 带有热再生的氨洗涤法——IFP工艺(试验流程)

Tung 工艺

研发技术

采用亚硫酸钠/亚硫酸氢钠溶液吸收 SO_2，废液经有机溶剂萃取，再生出亚硫酸盐溶液并得到富溶剂液，再经蒸汽汽提回收 SO_2。

工艺特点

SO_2 吸收剂：亚硫酸钠/亚硫酸氢钠。
主要原料：苛性钠或纯碱组分；有机溶剂补充组分；（石灰，用于预洗涤装置排污处理）。
潜在的可销售副产品：富 SO_2 气体可转化成硫酸或硫。
固体废物：来自预洗涤装置排污处理的废物。
液体废物：为防止可溶性杂质累积（如硫酸盐和氧化的有机溶剂）而排出的净化液。
其他气体排放：有可能的溶剂损失。
入口 SO_2 浓度：$1000\sim3600\mu g/g$（试验结果）。
SO_2 去除能力：95%~99%（据称）。
NO_x 去除能力：达到90%（据称）。
颗粒物去除能力：要求上游单独进行颗粒物控制。

工业应用

数量/类型：无。
地点：无报道。
首次试用：无报道。
目前状态：暂停。

工业描述

烟气首先通过预洗涤器去除颗粒物和可溶性杂质，通过预洗涤器排污处理系统排放。润湿气体则进入高效吸收器（如盘式塔或填料塔）中与亚硫酸钠/亚硫酸氢钠溶液接触以吸收 SO_2。将富含亚硫酸氢盐的废吸收液送到多级逆流萃取系统。萃取期间，SO_2 被转移到一种有机溶剂中，再生出的含水亚硫酸盐溶液返回到洗涤器进料罐。富 SO_2 溶剂经蒸汽汽提得到富 SO_2 气体，冷凝其中的水蒸气，再进一步加工成硫酸或单质硫。贫溶剂从汽提塔的底部返回到溶剂储罐以重复使用。需要净化物流来控制可溶性和不可溶性杂质的累积(如游离的尘埃/颗粒物,从亚硫酸盐氧化形成的硫酸盐,氧化溶剂)。为了使这些净化物流用量最少,大多数容器采用氮封。如图3-35所示。

优点/缺点

优点
- 清洁溶液洗涤使结垢和堵塞问题最少。
- 入口SO_2浓度范围内均有高的SO_2去除潜力。
- 生产SO_2副产品。
- 相对于直接蒸汽汽提系统如Wellman Lord工艺,具有非常低的蒸汽需求量。

缺点/局限性
- 有机溶剂萃取系统可能对杂质和"不稳定物"敏感;将导致溶剂损失/组分要求高于预期。
- 为控制惰性物质和杂质(预洗涤器排放物、来自SO_2氧化的硫酸盐、其他可溶性杂质以及氧化溶剂)的累积,需要很多种净化剂。
- 需要氮封。

主要供应商

Raycon Research and Development

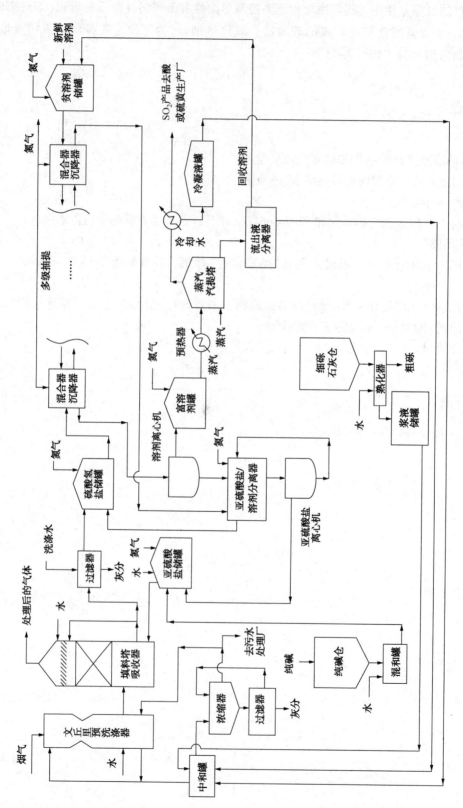

图3-35 Tung工艺(试验流程)

Ionics 工艺

研发技术

采用亚硫酸钠/亚硫酸氢钠溶液吸收 SO_2,然后废液用硫酸酸化,释放出富 SO_2 气体并得到一种硫酸盐溶液,前者进一步加工,后者电解再生后得到氢氧化钠。

工艺特点

SO_2 吸收剂:亚硫酸钠/亚硫酸氢钠或亚硫酸钠/氢氧化钠。
主要原料:苛性钠;石灰(用于预洗涤装置排污处理)。
潜在的可销售副产品:富 SO_2 气体可转化成硫酸或硫;10%硫酸;(可要求转化成石膏)。
固体废物:来自预洗涤装置排污处理的废物。
液体废物:净化液,以防止可溶性杂质累积。
其他气体排放:来自电解池的氢和氧。
入口 SO_2 浓度:1000~3600μg/g(试验结果)。
SO_2 去除能力:达到95%(试验结果)。
NO_x 去除能力:无报道。
颗粒物去除能力:要求上游单独进行颗粒物控制。

工业应用

数量/类型:无。
地点:无报道。
首次试用:无报道。
目前状态:暂停[约 56.6 m^3/min(2000 ft^3/min)中试运转过]。

工业描述

烟气与亚硫酸钠/亚硫酸氢钠或亚硫酸钠和氢氧化钠溶液接触以吸收 SO_2。废吸收液不断从洗涤器排出并被送去再生,在此废液与硫酸接触释放 SO_2 并生成硫酸钠。生成的硫酸钠溶液随后流经一组电解池并被转化成苛性钠和硫酸(还有氢气和氧气)。采用两种类型电解池。一种可得到不纯的稀硫酸,可循环回用于吸收器分离物的酸化。第二种是更高效些的电解池,可将硫酸钠更完全地再生成 10%硫酸。所需池的数量和 10%酸的产量代表了氧化程度以及三氧化硫的吸收程度。在中试试验厂,大约 1/3 的电解池是更高效型的。如图 3-36 所示。

优点/缺点

优点
- 清洁溶液洗涤使结垢和堵塞问题最少。
- 入口 SO_2 浓度范围内均有高的 SO_2 去除潜力。
- 生产 SO_2 副产品。

缺点/局限性
- 在集成操作中满量程操作参数没有被证实。
- 产生净化液和废固物。
- 10%硫酸副产品的市场价值可能有限,也可能需要转化成石膏。

主要供应商

Stone and Webster andIonics Inc.

第 3 部分 FGD 技术简介回收法工艺技术

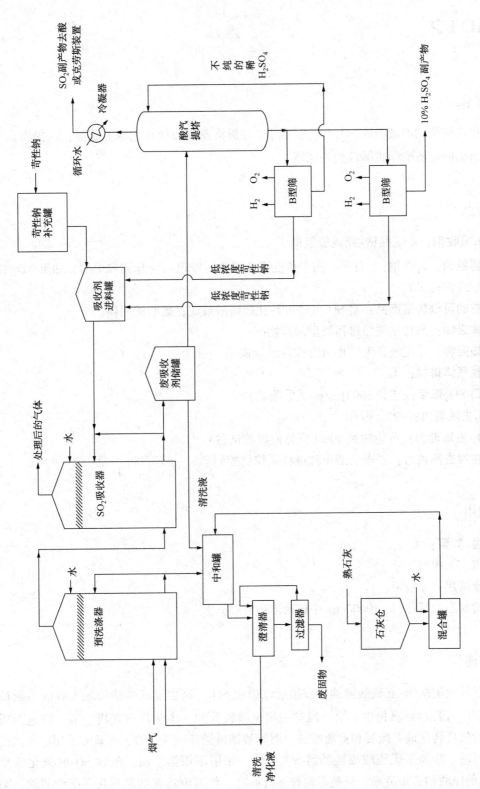

图3-36 Ionics工艺——带电解再生的钠溶液吸收法(试验流程)

SOXAL 工艺

研发技术

采用亚硫酸钠溶液吸收 SO_2，然后经过电渗析将亚硫酸盐转化成亚硫酸，汽提出富 SO_2 气体，再生的亚硫酸钠再循环到洗涤器。

工艺特点

SO_2 吸收剂：亚硫酸钠/亚硫酸氢钠。
主要原料：苛性钠；（石灰，用于预洗涤装置排污处理）；（尿素和甲醇，如果 NO_x 控制受到影响或被提出）。
潜在的可销售副产品：富 SO_2 气体可转化成硫酸或硫；硫酸钠固体。
固体废物：来自预洗涤排污处理的废物。
液体废物：净化液，为防止可溶性杂质累积。
其他气体排放：无。
入口 SO_2 浓度：达到 3600μg/g（试验测试）。
SO_2 去除能力：99%（据称）。
NO_x 去除能力：可能达到 90%（据称但没测试过）。
颗粒物去除能力：要求上游单独进行颗粒物控制。

工业应用

数量/类型：无。
地点：无报道。
首次试用：无报道。
目前状态：暂停（约 10000cfm 中试装置运转过）。

工业描述

烟气与亚硫酸钠/亚硫酸氢钠溶液接触以吸收 SO_2。富含亚硫酸盐的废吸收液不断被排送去进行（一段或两段）再生。第一段是一组电渗析池和一个蒸汽汽提塔。第一段电渗析池将亚硫酸氢盐转化成亚硫酸和亚硫酸钠。亚硫酸钠再循环回洗涤器，亚硫酸采用蒸汽汽提生产水和可进一步加工成硫酸或硫的富 SO_2 气体。如果不用第二段，吸收 SO_2 时氧化或吸收 SO_3 形成的硫酸钠必须清除，只是有两种选择而已，作为溶液或结晶后从系统中清除。第二段由另一组电渗析池组成，可将硫酸钠转化成稀苛性钠（它再循环到洗涤器）和稀硫酸。酸通常会与石灰石反应生产石膏。其他可溶性杂质[如氯化物、硝酸盐(如果实现 NO_x 联合控制的话)]需要净化，或用可溶性硫酸钠净化(一段系统)，也可以进入中和的盐酸(两段系统)。据称也有去除 NO_x 能力，但还有待检验。NO_x 控制将包括采用省煤器注尿素(将 NO_x 还原成 N_2)，随后是注入甲醇将残余的 NO 氧化成 NO_2(也会将带出的氨氧化)，然后在洗涤器中被去除，在此将反应生成硝酸钠、硫酸钠、N_2 和 H_2。如图 3-37 所示。

优点/缺点

优点
- 清洁溶液洗涤使结垢和堵塞问题最少。
- 入口 SO_2 浓度范围内均有高的 SO_2 去除潜力。
- 生产 SO_2 副产品。
- 可能会有 SO_2 和 NO_x 集成控制。

缺点/局限性
- 第二段再生没有经过测试。
- 在集成操作中满量程操作参数没有被证实。
- 产生净化液和预洗涤器处理废固物。

主要供应商

AlliedSignal/Aquatech

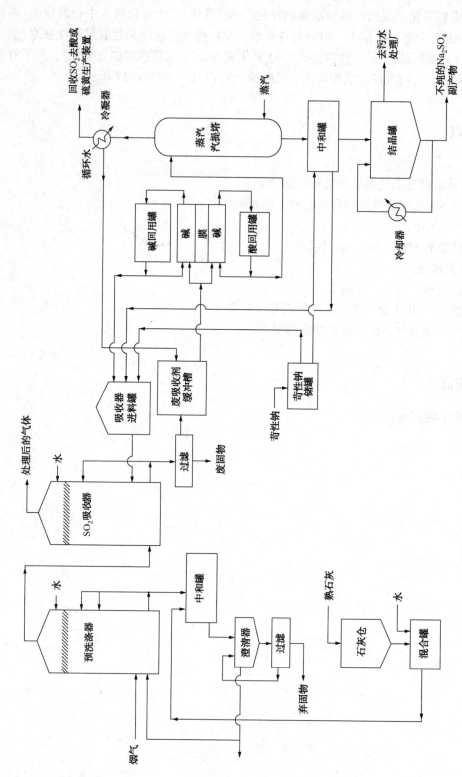

图3-37 SOXAL工艺——带电渗析再生的钠溶液吸收法(试验流程)

氧化锌工艺（亚硫酸盐溶液吸收法）

研发技术

采用亚硫酸钠/亚硫酸氢钠溶液吸收 SO_2，用氧化锌沉淀溶解在废液中的 SO_2，然后焙烧亚硫酸锌，得到可进一步加工成酸或硫的富 SO_2 气体。

工艺特点

SO_2 吸收剂：亚硫酸钠/亚硫酸氢钠。
主要原料：石灰；氧化锌；纯碱。
潜在的可销售副产品：富 SO_2 气体可转化成硫酸或硫。
固体废物：不纯石膏。
液体废物：净化液，为控制可溶性杂质的累积。
其他气体排放：无。
入口 SO_2 浓度：没明确。
SO_2 去除能力：没明确。
NO_x 去除能力：无报道。
颗粒物去除能力：要求上游单独进行颗粒物控制。

工业应用

数量/类型：无。
地点：无报道。
首次试用：无报道。
目前状态：暂停（在 20 世纪 40 年代达到中试阶段）。

工业描述

烟气首先与亚硫酸钠/亚硫酸氢钠溶液接触以吸收 SO_2 同时也提高了亚硫酸氢盐浓度。废吸收液首先经过澄清器以去除从吸收器中得到的任何颗粒物。澄清液被送到反应器，在此用氧化锌处理。氧化锌生成亚硫酸锌沉淀并再生成氢氧化钠，后者将亚硫酸氢盐中和成亚硫酸盐。亚硫酸锌采用浓缩和过滤进行分离，再生的吸收剂返回到吸收器。滤饼干燥后焙烧释放 SO_2 和水蒸气。产品 SO_2 被冷却干燥回收，回收氧化锌再循环到再生反应器。在该工艺中被氧化的 SO_2 和吸收的 SO_3 是一种"惰性"负担，因此必须除去。这可以通过用石灰来处理澄清器流出液并生成亚硫酸钙沉淀来完成。然后稀亚硫酸钙浆液在澄清器中浓缩，浓缩的浆液再用部分产品 SO_2 来酸化。这会再溶解钙并生成硫酸钙沉淀，然后与任何灰粉一起通过浓缩和过滤被去除。得到的"脱硫酸盐"溶液通过石灰反应器再循环回流程。如图 3-38 所示。

优点/缺点

优点
- 清洁溶液洗涤使结垢和堵塞问题最少。
- 入口 SO_2 浓度范围内均有高的 SO_2 去除潜力。
- 生产 SO_2 副产品。

缺点/局限性
- 最近的经济评估发现该工艺的投资成本相对高于其他副产品回收工艺。
- 在集成操作中满量程操作参数没有被证实。

主要供应商

University of Illinois

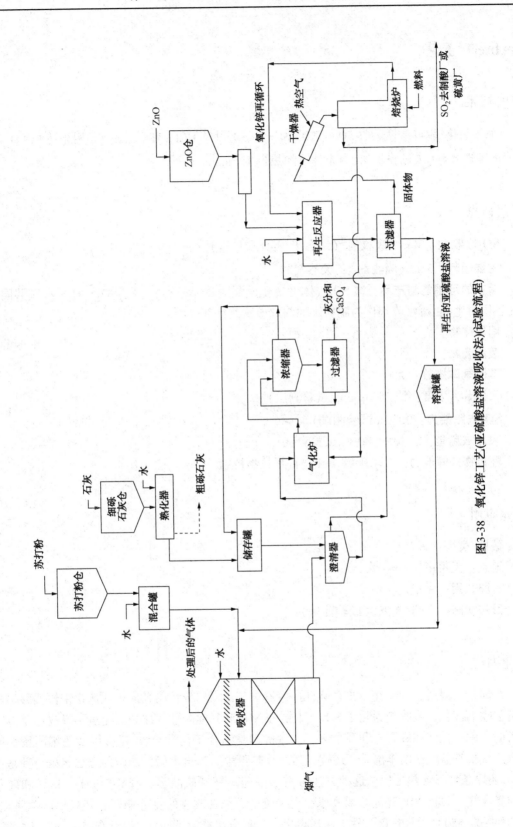

图3-38 氧化锌工艺(亚硫酸盐溶液吸收法)(试验流程)

Sorbtech 工艺

研发技术

采用氧化镁/硅酸镁吸收 SO_2、NO_x 和一些 SO_3 以及 HCl，然后在还原(用于还原 NO_x)或氧化(释放出 SO_2 去进一步加工)条件下加热再生。

工艺特点

SO_2 吸收剂：Mag * 吸收剂®(结合了 MgO 和蛭石)。
主要原料：Mag * 吸收剂®；天然气。
潜在的可销售副产品：富 SO_2 气体可转化成酸或硫(氧化再生)；SO_2、H_2S 和硫共同制硫(还原再生)；废吸收剂作为肥料添加剂或土壤改良剂。
固体废物：无。
液体废物：无。
其他气体排放：无。
入口 SO_2 浓度：约 2500μg/g(试验测试)。
SO_2 去除能力：90⁺%(试验测试)。
NO_x 去除能力：40%~80%(试验测试)。
颗粒物去除能力：要求上游单独进行颗粒物控制。

工业应用

数量/类型：无。
地点：无报道。
首次试用：无报道。
目前状态：在研(初步完成验证试验)。

工业描述

经部分润湿后，烟气在一垂直圆柱形容器中与由专门设计的径向板式床层来慢慢移动的镁基吸收剂接触。吸收剂去除了 SO_2、大部分 NO_x 和其他酸性气体如氯化氢。吸收剂是专门制备的一种氧化镁和蛭石专利混合物。去除机理是结合了化学吸收/反应以及毛细凝聚。废吸收剂从吸收器中不断排出并用燃烧天然气加热再生。为再生研发出两种方法。第一种是在 750℃ 还原条件下加热再生。这种方法分解了亚硫酸镁和硫酸镁，释放出 SO_2、H_2S 和硫蒸气的复合气，并将 NO_x 还原成氮和水。再生废气必须在改进的克劳斯厂处理以生产单质硫。第二种是在 550℃ 大气氧化条件中加热再生。这种方法释放了 SO_2，但没有完全分解硫酸镁，因此必须以与氧化并发生 SO_3 吸收相同的速率从系统中清除它。NO_x 也没完全还原，因而限制了整个 NO_x 去除性能。在任何一种情况下，再生回路都由一个再生器和一个筛选站组成，在此 5%~20% 的吸收剂根据类型或再生情况被除去，然后在循环回吸收器之前添加新鲜吸收剂。如图 3-39 所示。

优点/缺点

优点
- 生产 SO_2 副产品气体。
- SO_2 和 NO_x 同时去除。
- 废吸收剂作为肥料补充剂或土壤改良剂有潜在的副产品价值。
- 烟道废气不需要再加热。

缺点/局限性
- 可能吸收剂损失大，但吸收剂成本相对低。

主要供应商

SorbTech

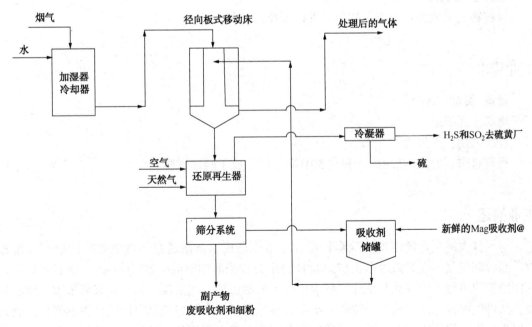

图 3-39　Sorbtech 工艺(试验流程)

柠檬酸盐工艺

研发技术

采用柠檬酸钠溶液吸收 SO_2，溶液随后在含水克劳斯反应器中与硫化氢反应沉淀生成单质硫，同时再生吸收剂溶液。

工艺特点

SO_2 吸收剂：柠檬酸钠溶液。
主要原料：苛性钠或纯碱；柠檬酸；还原气体；石灰（用于预洗涤装置排污中和）。
潜在的可销售副产品：单质硫；硫酸钠。
固体废物：预洗涤装置排污处理产生的废固物。
液体废物：为控制可溶性杂质（如氯化物）的累积，要求使用净化液。
其他气体排放：需要用焚烧炉处理硫沉淀反应器产生的硫化物废气（焚烧炉干气可能排到预洗涤器）。
入口 SO_2 浓度：2000～30000μg/g（试验测试）。
SO_2 去除能力：90$^+$%（试验测试）。
NO_x 去除能力：无报道。
颗粒物去除能力：要求上游单独进行颗粒物控制。

工业应用

数量/类型：无。
地点：无报道。
首次试用：无报道。
目前状态：暂停（在冶炼厂和约 50MW 电厂完成了验证试验）。

工业描述

烟气首先通过预洗涤器去除颗粒物和可溶性杂质，杂质通过预洗涤器排污处理系统排放。然后润湿气体在高效吸收器（如填料塔）中与柠檬酸钠溶液接触吸收 SO_2。废吸收液送入封闭搅拌的容器中，在此与硫化氢反应生成单质硫沉淀。然后反应器产物浆液浓缩并离心分离，从再生的柠檬酸溶液中去除硫。小部分再生溶液被净化以控制可溶性杂质的累积，剩余的回收溶液返回到吸收器。在最后的纯化步骤中，硫在高压釜中被液化，熔硫从残余的柠檬酸盐溶液中分离，溶液也返回到流程。2/3 的熔硫产品然后转化为 H_2S 用于吸收剂的再生。如图 3-40 所示。

优点/缺点

优点
- 虽然会遇到堵塞问题（见局限性），但清洁溶液洗涤应使吸收器结垢最少。
- 适用的入口 SO_2 浓度范围宽。
- 直接生产副产品硫。

缺点/局限性
- 在再生和回收回路中高度腐蚀性条件需要采用昂贵的材料。
- 堵塞问题困扰示范操作因从柠檬酸盐溶液无法完全分离出硫。
- 需要净化物流来控制杂质。
- 高度复杂的工艺配置。
- 需要还原气。

主要供应商

Pfizer

U. S. Bureau of Mines

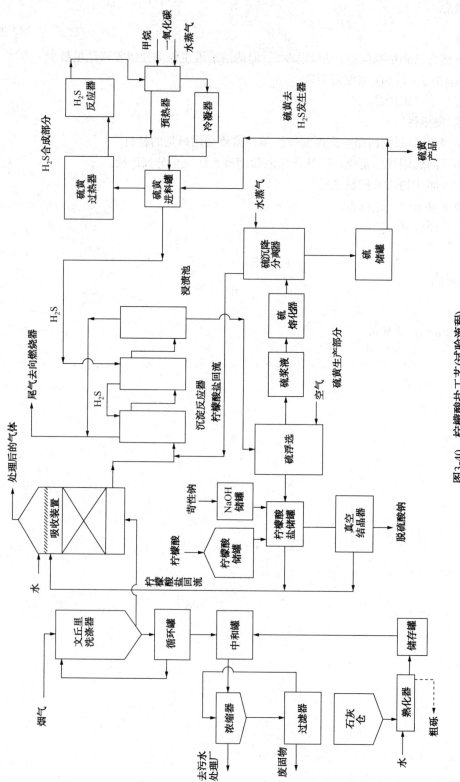

图3-40 柠檬酸盐工艺(试验流程)

Sulf-X 工艺

研发技术

采用铁硫化物浆液吸收 SO_2(和 NO_x),然后用硫化钠处理,生成的固体物用焦炭进行干燥和焙烧,重新生成溶液并生产硫。

工艺特点

SO_2 吸收剂:FeS 和 Fe(OH)$_2$ 的含水浆液。
主要原料:硫化铁矿粉;焦炭;硫化钠;石灰(用于预洗涤装置排污处理)。
潜在的可销售副产品:单质硫。
固体废物:来自预洗涤装置排污处理产生的废物。
液体废物:净化液,以便控制可溶性杂质(如氯化物)累积。
其他气体排放:无。
入口 SO_2 浓度:500~约 3000μg/g(试验测试)。
SO_2 去除能力:85%~99%(试验测试)。
NO_x 去除能力:65%~90$^+$%。
颗粒物去除能力:要求上游有颗粒物控制能力。

工业应用

数量/类型:无。
地点:无报道。
首次试用:无报道。
目前状态:暂停(完成中试)。

工业描述

烟气首先通过预洗涤器去除颗粒物和可溶性杂质,杂质通过预洗涤器排污处理系统排放。然后润湿的气体与硫化亚铁和氢氧化亚铁含水浆液接触吸收 SO_2。硫化亚铁是主要的吸收剂;氢氧化亚铁有助于稳定 pH 值。吸收后生成硫酸亚铁和铁硫化物复合溶液。溶液首先经硫化钠处理,将其中的硫酸亚铁转化成硫酸钠和铁硫化物。然后溶液脱水,固体干燥并在 760℃(1400°F)下焦炭焙烧。热处理将硫铁复合化物(Fe_xS_y)分解成简单的铁硫化物和硫;还原条件下将硫酸钠转化成硫化钠。单质硫以蒸气形式离开再生器并作为主要副产物聚凝。

再生的 FeS 和 Na_2S 返回到流程。工艺的化学性赋予了内在的同时去除 NO_x 的集成能力,并已在两种模式——只有烟气脱硫和烟气脱硫和 NO_x 联合控制下进行了测试。已证明它有能力将超过90%的 NO_x 转化成单质氮。但主要的缺点是反应速度缓慢,需要非常大的吸收器,可能使得在工业规模上联合操作不经济。如图3-41所示。

优点/缺点

优点
- 直接生产硫。
- 相对于其他回收技术其蒸汽需求低。
- 不需要还原气。
- 具有 SO_2 和 NO_x 同时集成控制的潜力。

缺点/局限性
- 为达到高效性能,浆液洗涤法使吸收复杂化。
- 需要操作高温焙烧炉。
- 需要处理三种不同的固体试剂。
- 需要一种复杂浆液贯穿大部分流程。
- 是一种相当复杂的加工方案。

主要供应商

Pittsburgh Environmental and Energy Systems

第3部分 FGD技术简介回收法工艺技术

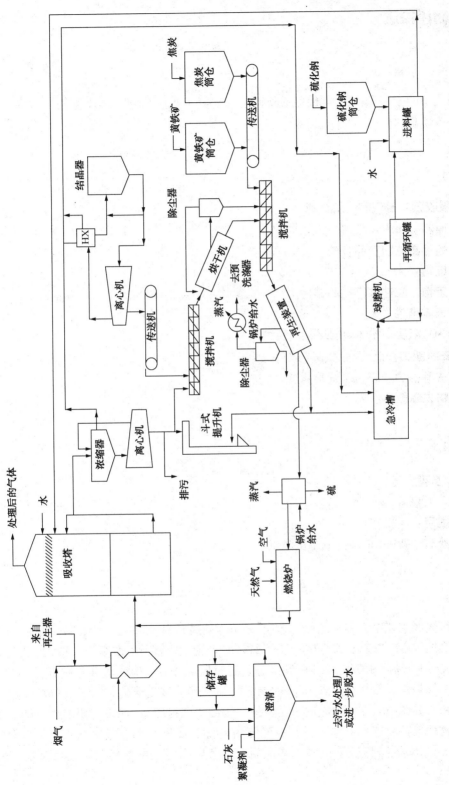

图 3-41 Sulf 工艺(试验流程)

直接气相还原法

研发技术

将烟气中的 SO_x 和 NO_x 同时还原成硫化氢和氮，然后分别从富硫化氢气体中回收硫化氢和生产单质硫。

工艺特点

SO_2 吸收剂：氢气和一氧化碳。
主要原料：蒸汽；天然气。
潜在的可销售副产品：硫。
固体废物：无。
液体废物：酸性水汽提塔排污。
其他气体排放：无。
入口 SO_2 浓度：约 $3000\mu g/g$（试验测试）。
SO_2 去除能力：能达到 $90^+\%$（试验试验）。
NO_x 去除能力：$85^+\%$（试验测试）。
颗粒物去除能力：无。

工业应用

数量/类型：无。
地点：无报道。
首次试用：无报道。
目前状态：暂停（初步完成中试测试）。

工业描述

在所研究的工艺中，直接还原工艺（Parsons）是最新研发并且是开发最完整的工艺。在该工艺中，约 399℃（750℉）的热烟气（例如锅炉空气预热器的上游烟气）在一加氢反应器中接触，在此 SO_x（包括 SO_2 和 SO_3）和 NO_x 分别同时催化还原为硫化氢和单质氮。用于加氢反应器的还原气是由天然气和蒸汽产生的合成气（氢气和一氧化碳）。然后气体被冷却（在一空气预热器和降温器中，在锅炉应用中还要带一酸性水汽提塔），如果需要的话，随后采用传统的颗粒物高效控制技术。采用任一种传统的硫化氢吸收技术将硫化氢从冷却气中回收出来，富 H_2S 气体被送到克劳斯厂生产单质硫。克劳斯厂尾气再循环到加氢反应器。如图 3-42 所示。

优点/缺点

优点
- 不用浆液来处理。
- 生产硫副产品。
- 无废固物。
- SO_2、SO_3 和 NO_x 同时控制。
- 烟道废气不需要再加热。

缺点/局限性
- 为了处理或调节整个烟气流量，需要大量的连续单元操作，使得资本投资高。
- 需要净化液，特别是来自酸性水汽提塔的液体。

主要供应商

Chevron   Ontario Research Foundation   Parsons

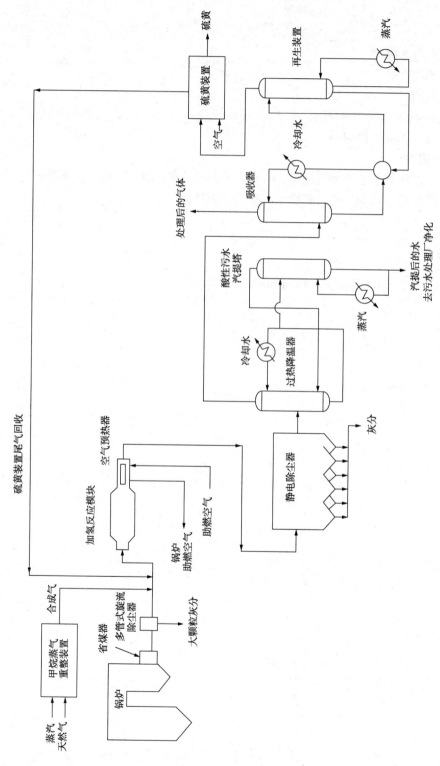

图3-42 Parsons工艺——直接气相还原法(试验流程)

氧化铜回收工艺

研发技术

烟气与氨一起与氧化铜吸收剂接触吸收 SO_2，同时氧化铜作为催化剂再将 NO_x 转化成氮。吸收剂用还原气再生，得到富 SO_2 副产品气体。

工艺特点

SO_2 吸收剂：以氧化铝为载体的氧化铜。
主要原料：氧化铜吸收剂；氧化铝；蒸汽；天然气。
潜在的可销售副产品：富 SO_2 气体可转化成酸或硫。
固体废物：无。
液体废物：无。
其他气体排放：还原反应器废气焚烧炉（可能会送到吸收装置）。
入口 SO_2 浓度：1000~3500μg/g（试验测试）。
SO_2 去除能力：90%~99%（试验测试）。
NO_x 去除能力：90%~95%（试验测试）。
颗粒物去除能力：通常要求上游单独进行干颗粒物控制。

工业应用

数量/类型：无。
地点：无报道。
首次试用：无报道。
目前状态：在研。

工业描述

铜氧化物工艺自 20 世纪 70 年代初以来一直在研发，还尚未实现早期的承诺。现在的配置是，采用氧化铜浸渍 γ-氧化铝基质作为 SO_2 的吸收剂和 NO_x 的催化剂。吸收塔在接近 399℃（750℉）的温度下操作。去除效率取决于反应器设计和吸收剂/催化剂的组成。反应器的设计现在包括移动床、流化床和气体悬浮（携带床）接触器。移动床和流化床方法使用球状吸收剂，而携带床方法使用粉状吸收剂。氧化铜吸收 SO_2 后生成硫酸铜。氧化铜和硫酸铜两者作为 NO_x 转化为氮的催化剂。废吸收剂被送到再生器，在此由氢、一氧化碳和/或甲烷组成的还原气被用来再生吸收剂。再生温度取决于还原气类型(如当使用甲烷时再生器操作温度稍微更热些)。再生期间硫酸铜转化为单质铜和 SO_2。然后浓缩的 SO_2 进一步处理转化为硫或硫酸。再生后的吸收剂返回接触器,再生的氧化铜会在此立即转化为氧化铜并被烟气中的氧激活。如图 3-43 所示。

优点/缺点

优点
- 生产富 SO_2 副产品气体。
- 没有明显的废固物或液体排放物。
- 没有浆液或溶液要处理。
- 烟道废气不需要再加热。

缺点/局限性
- 复杂的工艺配置涉及固体和可燃性气体的移动。
- 可能吸收剂消耗损失大。
- 需要采用氨这种要求严格管理的危险化学品。

主要供应商

Air Products(Discontinued)　　Shell(Inactive)　　U. S. DOE/PETC with Thermo Electron(Active)
Exxon(Discontinued)　　UOP(Inactive)

第3部分 FGD技术简介回收法工艺技术

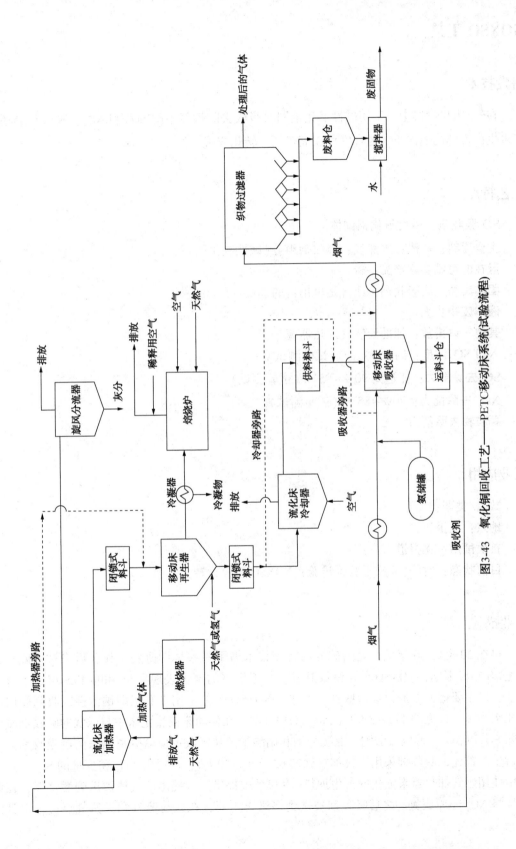

图3-43 氧化铜回收工艺——PETC移动床系统(试验流程)

NOXSO 工艺

研发技术

在气/固接触器中,采用碱性氧化铝同时吸收去除烟气中的 SO_x 和 NO_x,吸收剂经还原气再生,得到的 H_2S/SO_2 混合气可在克劳斯厂转化成硫。

工艺特点

SO_2 吸收剂:碱性氧化铝固体。
主要原料:蒸汽;天然气;吸收剂组分(碱性氧化铝)。
潜在的可销售副产品:硫。
固体废物:废吸收剂——或许是可销售的。
液体废物:无。
其他气体排放:辅助天然气加热器废气。
入口 SO_2 浓度:约 $2500\mu g/g$(试验测试)。
SO_2 去除能力:能达到 $90\% \sim 95^+\%$(试验测试)。
NO_x 去除能力:$70\% \sim 85^+\%$(试验测试)。
颗粒物去除能力:无。

工业应用

数量/类型:无。
地点:无报道。
首次试用:无报道。
目前状态:暂停(完成了验证试验;NOXSO 暂停运转)。

工业描述

早在 20 世纪 70 年代,美国矿务局就该技术做了一些早期研发工作,后来被中断。20 世纪 70 年代末期,NOXSO 公司继续开发,最近更多的努力表现在与 Miljo FLS 组成了合资企业,以主要面向欧洲市场做些技术改进。NOXSO 工艺采用带有铝酸钠活性吸收剂膜层的氧化铝小球。典型的 $121 \sim 149℃$($250 \sim 300℉$)烟气在移动床或流化床中与球状的吸收剂接触去除 SO_2 和 NO_x,形成硫酸钠、亚硫酸钠和硝酸钠。从吸收反应器分离出来的废吸收剂分几步再生。首先,吸收剂采用空气加热到约 $621℃$($1150℉$),汽提出 NO_x 和少量的 SO_2。热空气由使用燃气加热器来强化的再生加热-冷却系统提供。汽提出的气体被送到燃烧器,在此燃烧将 NO_x 还原成氮。之后吸收剂被送到多级再生器,在此与蒸汽和天然气反应,得到的

H_2S 和 SO_2 气体再送到克劳斯厂转化成单质硫,再生后的吸收剂则再循环到吸收器。传统 NOXSO 工艺与 NOXSO/FLS Miljo 改进工艺之间的主要区别是,在 FLS Miljo 气体悬浮吸收器中采用粉状吸收剂,而在 NOXSO 流化床或移动床中采用球状吸收剂。如图 3-44 所示。

优点/缺点

优点
- 生产硫副产品。
- 除了废弃的吸收剂没有其他废固物。
- SO_2 和 NO_x 可同时控制。
- 烟道废气不需要再加热。

缺点/局限性
- 资本投资相对较高。
- 需要净化液,特别是来自酸性水汽提塔的液体。
- 吸收剂材料的消耗率总体较高,相当于每年一个全周期量。

主要供应商

NOXSO Corp. (Moving bed process)
NOXSO/FLS Miljo (Gas Suspension Absorber)
U. S. Bureau of Mines (Development discontinued)

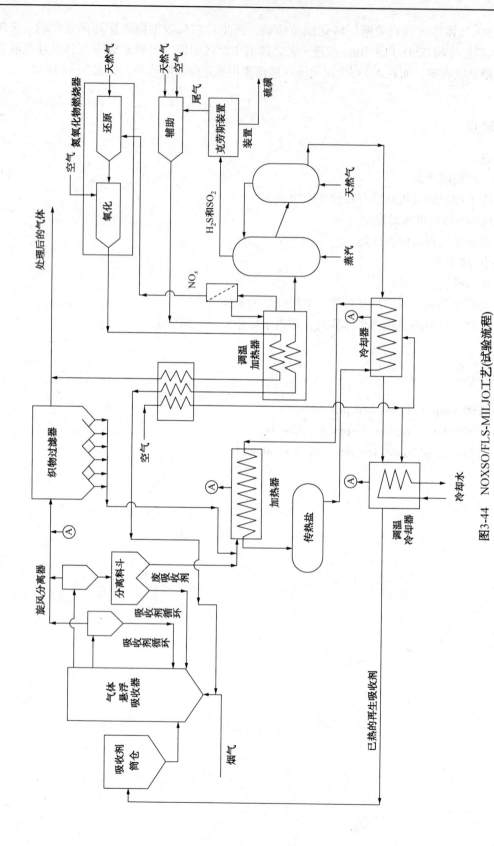

图3-44 NOXSO/FLS-MILJO工艺(试验流程)